원색도감

한국의 난초

김수남 · 이경서 저

교학사

한국의 난초를 펴내며

어느 때부터인가 생활의 전부가 되다시피한 난초와 인연을 맺은 지 10여 년 만에 이 책을 완성하게 되었다. 난을 사랑하셨던 아버님 덕분에 난초를 가까이하게 되었고, 아름다운 꽃에 이끌려 난초를 찾아나서게 되었다.

그 후 제주 한라산을 조사하다 우연히 같은 길을 가는 제주 출신의 사진 작가 '이경서(李景瑞)' 선생님과 해후하면서 구체적인 작업을 진행할 수 있게 되었다. 한 주일이 멀다 하고 제주를 답사하여 함께 개화된 종들의 사진을 찍고 분포를 확인하였으며, 틈 나는 대로 난초를 찾아 전국의 산야를 헤맸다.

독사의 위협, 살을 파고드는 진드기의 공격, 오금이 저릴 정도로 까마득한 벼랑, 가시덤불, 때로는 폭풍 속에서의 강행군……. 노력 끝에 난초의 조사 방법을 체득하게 되었다. 먼저 자생지의 환경을 파악한 후 그곳에 자생하는 종류를 짐작하고 넓은 지역을 대충 훑어보며 키가 큰 대형 종을 찾은 다음 좁은 지역을 세밀히 조사하는 지그재그식 조사 방법은 많은 시간과 힘이 들었으나 뜻하지 않은 곳에서 다수의 종들을 찾는 성과를 올릴 수 있었다.

그 중 30여 회 답사 끝에 찾아 낸 '광릉요강꽃', 전남 나주의 한 암벽에 뒤덮인 '지네발란', 황홀한 꽃빛을 연출하는 '큰새우난초', 제주 하추자도에서 만난 '병아리난초' 군락, 강원 설악산의 양지바른 풀밭에서 확인한 '청닭의난초', 전남 진도의 상록수림에서 만난 '대흥란' 군락, 자생이 의문시되었던 '방울난초'의 출현, 경북 울릉도에서 만난 '백운란' 군락, 전남 보길도의 동백나무 숲에서 찾아 낸 '무엽란', 태풍 속을 헤매다 제주 한라산 정상 부근에서 찾은 '애기사철란', 백두산 침엽수림에서 '홍산무엽란'을 만난 일들은 평생을 두고 잊혀지지 않는 감동의 순간들이다. 무엇보다 미기록 종 발견 순간에는 난생 처음 온몸이 떨리는 기쁨을

맛보았다.

 이 책은 우리 나라에 자생하는 난초과 식물의 생태 도감으로, 꽃·열매 등 부분 중심이 아닌 생태 모습을 담은 사진을 최대한 골라 실었다. 또한 이 책은 본래 「한국산 난초과 식물 도보」의 발간을 목표로 하였지만 북한에 분포하는 종, 일부 특수 지역에 분포하는 희귀종 등의 미확인 때문에 다음 기회로 미루고 우선 정리된 것만으로 출간하게 되어 부족함이 많으리라 생각한다.

 이 책이 나오기까지 도움을 주신 분들께 감사드린다. 세심한 부분까지 일깨워 주시고 지도해 주신 식물 분류학자 이영노(李永魯) 박사님, 식물의 생태와 주변 환경에 대한 조언을 주신 인천 교대 임영득(林英得) 박사님, 참고 문헌에 도움을 주신 '한국 식물 연구회'의 전의식(全義植) 회장님, 각 지역을 동행하며 분포지에 대한 정보를 주신 홍삼선(洪三善) 선생님, 많은 정보와 현지 안내를 해 주신 서울 대학교의 김정근(金正根) 박사님, 처음으로 난초 분류에 도움을 주신 난초 연구가 전길신(全吉信) 선생님, 자료를 제공해 주신 도서 출판 '생명의 나무' 대표 오병훈(吳秉勳)님과 '백두대간 식물 탐사회'의 김유성(金遺成) 회장님께도 깊은 감사를 드린다. 아울러 어려움 속에서도 기꺼이 책을 출판해 주신 '교학사'의 양철우(楊澈愚) 사장님과 유홍희(柳洪熙) 부장님, 원고 편집·교정을 위해 애쓰신 황정순(黃貞順) 과장님께도 감사를 전한다.

 또한 사랑으로 키워 주신 어머님, 격려와 내조로 어려움을 참아 준 내자 장순이(張順伊)에게 고마움을 전하며, 언제나 정신적인 지주이신 아버님 영전에 변변찮은 졸고를 삼가 바칩니다.

1997. 1. 불암산 기슭에서 김수남

차례

머리말 … 2
차례 … 4
일러두기 … 8
난초과의 개요 … 9

개불알꽃아과 CYPRIPEDIOIDEAE
개불알꽃족 Cypripedeae … 12
개불알꽃속 *Cypripedium* Linné … 14

난초아과 ORCHIDIOIDEAE
나비난초족 Orchideae … 34
잠자리난초속 *Habenaria* Willdenow … 36
방울난초속 *Peristylus* Blume … 46
손바닥난초속 *Gymnadenia* R. Brown … 50
구름병아리난초속 *Neottianthe* Schlechter … 60
나도제비란속 *Galeorchis* Rydverg … 64
북방나비난초속 *Dactylorchis* Vermeulen … 70
나비난초속 *Ponerorchis* Reichenbach fil. … 72
병아리난초속 *Amitostigma* Schlechter … 76

나도잠자리란속 *Tulotis* Rafinesque ··· 82
개제비란속 *Coeloglossum* Hartman ··· 90
씨눈난초속 *Herminium* R. Brown ··· 98
제비난초속 *Platanthera* L. C. Richard ··· 104

애기무엽란족 Neottiae ··· 132

으름난초속 *Galeola* Loureiro ··· 134
천마속 *Gastrodia* R. Brown ··· 140
무엽란속 *Lecanorchis* Blume ··· 148
애기무엽란속 *Neottia* Linné ··· 158
애기천마속 *Chamaegastrodia* Makino et F. Maekawa ··· 164
큰방울새란속 *Pogonia* Jussieu ··· 170
쌍잎난초속 *Listera* R. Brown ··· 178
타래난초속 *Spiranthes* L. C. Richard ··· 182
닭의난초속 *Epipactis* R. Brown ··· 190
은대난초속 *Cephalanthera* L. C. Richard ··· 200
사철란속 *Goodyera* R. Brown ··· 224
백운란속 *Vexillabium* F. Maekawa ··· 262

난초족 Epidendreae … 266
  차걸이란속 *Oberonia* Lindley … 268
  풍선난초속 *Calypso* Salisbury … 272
  비비추난초속 *Tipularia* Nuttall … 276
  이삭단엽란속 *Malaxis* Swartz … 280
  자란속 *Bletilla* Reichenbach fil. … 284
  옥잠난초속 *Liparis* L. C. Richard … 290
  새우난초속 *Calanthe* R. Brown … 326
  약난초속 *Cremastra* Lindley … 348
  두잎약난초속 *Aplectrum* Nuttall … 354
  감자난초속 *Oreorchis* Lindley … 358
  산호란속 *Corallorhiza* Châtelain … 368
  혹난초속 *Bulbophyllum* Thouars … 372
  석곡속 *Dendrobium* Swartz … 384
  보춘화속 *Cymbidium* Swartz … 390

지네발란족 Sarcantheae … 422
  풍란속 *Neofinetia* Hu … 424
  지네발란속 *Sarcanthus* Lindley … 428

금산자주난초속 *Gastrochilus* D. Don ··· 434
제주난초속 *Sarcochilus* R. Brown ··· 442
나도풍란속 *Sedirea* Garay et Sweet ··· 446

보유편
제주방울난초···452
너도제비란···456

부록
용어 해설···462
한국산 난초과 미기록 종의 고찰···469
한국산 난초과의 목록 및 특징···477
환경부 지정 특정 야생 식물 목록···481
한국명 찾아보기···483
학명 찾아보기···487
인명 해설···493
참고 문헌···498

일러두기

1. 이 책에는 한반도와 제주도를 비롯한 부속 도서에 분포하는 난초과 식물 89종의 사진과 해설을 수록하였다. 그 중 84종은 자생지에서 촬영한 것이며, 개화된 것으로 자생지에서 보기 힘든 희귀종 5종은 원예종이다.
2. 해설은 생태적 특성, 형태, 종소명·국명의 어원, 분포의 순으로 상세히 서술하였다. 매 사진마다 간략한 해설, 촬영 장소·날짜를 밝혔으며, 일부 촬영자를 밝힌 사진 이외의 것은 사진 작가 '이경서'의 작품이다.
3. 속명은 종 가운데 가장 광범위하게 분포하고 개체 수가 많은 종을 기준으로 선택하였으며, 국명은 발표 연대가 가장 빠른 것을 사용하여 명명의 선취권을 존중하였으나 이미 관용화된 것은 인정하였고, 미기록 종은 발견된 지명과 형태의 특징을 살려 새로 명명하였다.
4. 종소명과 국명의 어원은 문헌 수집의 부족으로 충분한 설명이 되지 못함을 밝혀 둔다.
5. 난초의 이해를 돕기 위해 족별 난초의 부분 명칭을 실었다.
6. 지리적 분포지는 우리 나라·외국의 분포지 순으로 기록하였으나, 외국의 분포지는 문헌을 참고하였으므로 학자의 견해에 따라 차이가 있을 수 있음을 밝혀 둔다. 우리 나라의 분포지는 저자가 직접 조사, 확인한 것으로 추가될 수 있으며, 현지 확인된 분포지와 문헌상의 분포지를 각각 ●●으로 표시하였다.
7. 개화기는 지역에 따라 다소 차이가 있을 수 있으며, 종 해설 하단에 월별에 따라 색으로 표시하였다.
8. 동아시아 특산종은 우리 나라를 비롯한 일본·중국·타이완·몽골·시베리아를 포함한 주로 동북 아시아 지역에 자생하는 종을 지칭하며, 고유 분포종은 외국에 분포하나 우리 나라에서는 그 지역에서만 분포하는 종을 지칭하고, 북방계 식물은 우리 나라의 주로 북부 지방에, 남방계 식물은 주로 제주도 및 남부의 저지대에 자생하는 식물을 일컫는다.
9. 부록으로, '용어 해설' 및 '한국산 난초과 미기록 종의 고찰', '한국산 난초과의 목록 및 특징', '환경부 지정 특정 야생 식물 목록', '한국명 찾아보기', '학명 찾아보기', '인명 해설', '참고 문헌' 등을 실었다.

난초과의 개요

영어의 '난초'라는 의미를 가진 '오키드(orchid)'의 어원은 그리스 어 '오르키스(orchis)'로, '고환(睾丸)'이라는 단어에서 비롯되었다. 유럽에는 많은 지생란(地生蘭)이 있는데, 그 중 한 속(屬)의 지하 기관에 있는 신(新)·구(舊) 2개의 구근(球根)이 나란히 있는 모양을 고환에 비유한 것으로, 고대 유럽인들은 이 난초의 지하 구근이 정력에 좋다고 믿어 약용 식물로 취급하여 소중히 여겼다고 한다.

난초과 식물은 다년초로 낙엽성(落葉性 ; 동휴면·하휴면), 상록성(常綠性), 무엽성(無葉性)으로 구분된다. 뿌리는 대부분 균과 공생하며, 지상에서 자라는 지생종(地生種), 매우 드물지만 지중에서 자라는 지생종, 나무 줄기나 바위에서 자라는 착생종(着生種), 엽록체가 없는 무엽의 부생종(腐生種) 형태로 생육한다. 줄기는 가축(假軸)하거나 지하경(地下莖) 또는 위구경(僞球莖)을 가지며, 잎은 보통 편평하고 기부에 통 모양의 엽초(葉鞘)가 있으나 때로 좌우로 편평하거나 인편상으로 퇴화된 것도 있다.

꽃은 대부분 수상 화서나 총상 화서로 붙지만 일부 '개불알꽃속(*Cypripedium* Linné)', '큰방울새란속(*Pogonia* Jussieu)' 및 '풍선난초', '콩짜개란', '보춘화', '지네발란'은 화경에 1개가 정생(頂生)한다. 포(苞)가 있으며, 일반적으로 양성화의 좌우 상칭이고, 악편(萼片)에 해당하는 외화피편은 3개로 대부분 모양이 같고, 화판(花瓣)에 해당하는 내화피편의 좌우 2개는 모양이 같지만 중앙의 1개는 순판(脣瓣)으로 되어 모양이 다르다. 때로 거(距)가 있으며, 웅예(雄蕊)는 1~2개가 완전하다. 약(葯)은 2실(室), 화분(花粉)은 2~8개의 화분괴(花粉塊)를 지니며 기부의 선체(腺體)에 붙는다. 화주(花柱)는 종종 끝에 취(嘴)가 있으며, 주두(柱頭)는 그 아래 있으나 때로 약실(葯室) 사이의 오목한 곳

에 있고 점착성(粘着性)이다. 자방(子房)은 하위, 1실이며 비틀어지고 3개의 모서리[稜]가 있다. 종자는 매우 작고, 배(胚)는 육질(肉質)이며 배유(胚乳)가 없다. 충매화(蟲媒花)이며 단자엽(單子葉) 식물로는 가장 진화되었다.

일반적으로 초화류(草花類) 중에서 가장 고가품이며 관상용인 난초과 식물은 '국화과(Compositae)·콩과(Leguminosae)'와 더불어 큰 과이며, 세계적으로 660~800여 속, 2만 5천~3만 종이 있는데, 최초의 인공 교잡종 'Calanthe dominyi'가 1856년 개화된 기록 이래 인공 교잡종까지 합하면 3만~3만 5천여 종이나 된다. 난초는 특히 열대와 아열대 지방에 많이 분포하는데, 우리 나라에서는 열대 종을 온실과 화분에 재배하고 있다.

우리 나라에 분포하는 난초과 식물은 1957년에 발간된「한국식물도감(정태현)」에는 33속 56종 1변종으로 기록되어 있다. 그 중에 신종으로 국명 기재한 '흰닭의난초(*Epipactis albiflora*)'와 '부전란(*Epipactis puzenensis*)'의 2종이 있는데, '흰닭의난초'는 검토가 요청된다. 그러나 '부전란'은 지하경이 가늘면서 길게 옆으로 벋어 세근이 나온 점, 전체에 털이 없고 줄기가 높이 10~20cm로 직립하는 점, 잎이 1개로 근생(根生)하며 길이 2~5cm의 자루가 있고 기부는 다소 심장형으로 가장자리가 다소 파상(波狀)인 점, 줄기 중앙의 잎이 극히 소형인 점, 꽃이 7~8월경 화경 끝에 정생하여 총상 화서로 붙는 점, 포가 꽃이 핀 후에도 잔존하는 점, 주두가 길고 다소 만곡하며 길이 0.5~1cm인 점, 자방이 1실인 점 등에서 '*Ephippianthus schmidtii*'로 학명을 정리한다.

후에 한국산 식물을 대부분 정리한「대한식물도감(이창복)」에서는 난초과 식물을 38속 78종 2변종 11품종으로 기록하였다. 여기에 필자가 전국의 각 시·군을 답사하여 찾아 내고 검토한 결과 '한국사철란(*Goodyera coreana*)'을 신종으로 보고하며, 한국산 미기록 7종, 즉 제주 한라산에 자생하는 '한라천마(*Gastrodia verrucosa*)', '제주무엽란(*Lecanorchis kiusiana*)', '한라옥잠난초(*Liparis auriculata*)', '한라감자난초(*Oreorchis coreana*)', '탐라란(*Gastrochilus japonicus*)'과, 강원도 일원에 자생하는 '김의난초(*Cephalanthera longifolia*)', 전남 진도와 해남에 자생하는 '구화란(*Cymbidium faberi*)' 및 신교잡 1종인 제주 한라산에 자생하는 '줄무늬사철란(*Goodyera* × *chejuensis*)'과 「조선박물학회지」에 일본명으로 기록된 '북방나비난초(*Ponerorchis aristata*)', '소란(*Cymbidium koran*)' 2종과 백두산에 분포하는 '산호란(*Corallorhiza trifida*)' 및 기존의 속을 분속(分屬)시켜 추가한다.

따라서 우리 나라에 분포하는 난초과는 2아과[개불알꽃아과(Subfam. Cypripedioideae), 난초아과(Subfam. Orchidioideae)] 5족[개불알꽃족(Trib. Cypripedeae), 나비난초족(Trib. Orchideae), 애기무엽란족(Trib. Neottiae), 난초족(Trib. Epidendreae), 지네발란족(Trib. Sarcantheae)] 46속 98종 13변종 51품종 2교잡종으로 분류할 수 있다. 그러나 한반도와 부속 도서에 분포하는 식물들을 더 조사하고 검토해 본다면 100여 종에 이를 것으로 짐작된다.

개불알꽃아과 CYPRIPEDIOIDEAE

개불알꽃족 Cypripedeae

개불알꽃속

개불알꽃의 구조

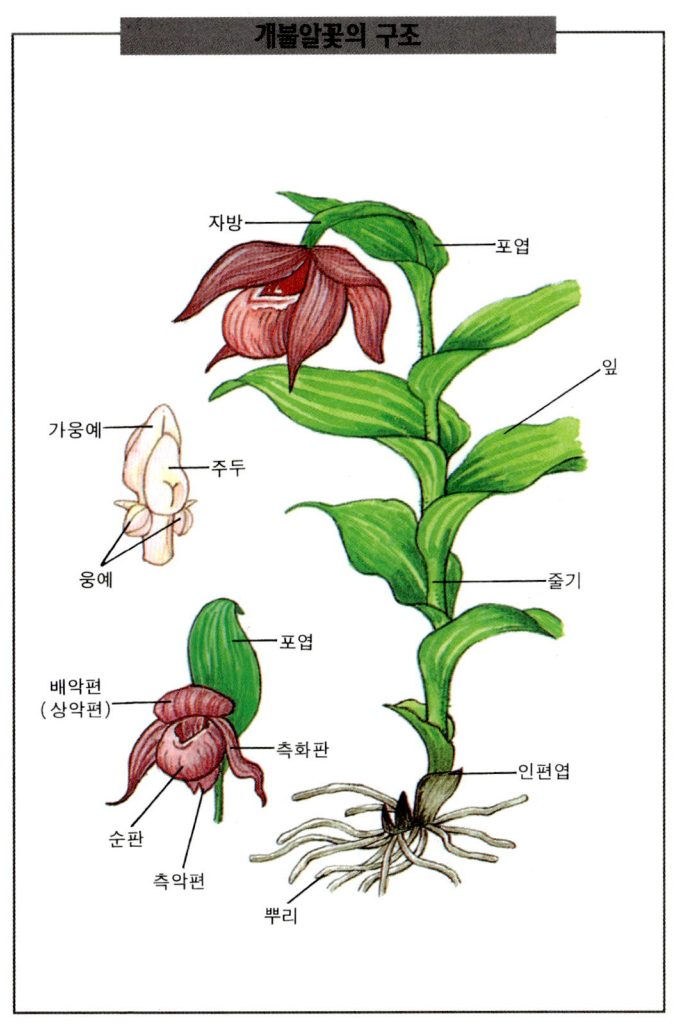

개불알꽃 (개불란, 요강꽃, 복주머니꽃)

***Cypripedium macranthum* Swartz**
- 日 Atsumori-sô (敦盛草)
- 中 大花杓蘭
- 英 Thunberg lady's-slipper

 고원 및 산지의 다소 양지바른 풀밭이나 습지, 낙엽수림 밑에서 자라는 낙엽성 지생종(地生種). 근경(根莖)은 짧고 옆으로 벋으며, 뿌리는 다수가 다소 굵고 단단하다. 줄기는 높이 25~50cm로 직립하고 털이 있다. 잎은 3~5개가 호생(互生)하고 길이 8~20cm로 장타원형이며 드문드문 털이 있고 기부(基部)는 짧은 초(鞘)로 되며 밑부분의 2~3개는 초상(鞘狀)으로 된다. 포(苞)는 길이 7~10cm로 잎 모양이다. 꽃은 담홍색~홍자색이며 지름 약 5cm로 5월 중순~6월 하순에 줄기 끝에 1개 핀다.

※ **왕개불알꽃**(var. *hotei-atsumorianum*) : 기본종보다 꽃 색깔이 다소 진한 홍자색이며 순판(脣瓣)의 형태도 크고 둥글다.
※ **흰개불알꽃**(for. *albiflorum*) : 백색 꽃이 핀다.

* 종소명(種小名) '*macranthum*'은 그리스 어 '큰 꽃의'의 뜻으로 순판이 매우 큰 데서 유래하며, 국명(國名)은 순판의 형태가 개의 고환과 비슷한 데 연유한다.

🌱 **분 포** 제주도·울릉도를 제외한 북부·중부 내륙 산지, 남부의 비교적 고지에 자생한다. 일본, 중국, 타이완, 몽골, 시베리아, 히말라야, 중앙 아시아, 우크라이나, 러시아, 동유럽에까지 광범위하게 분포하는 북방계 식물이다.

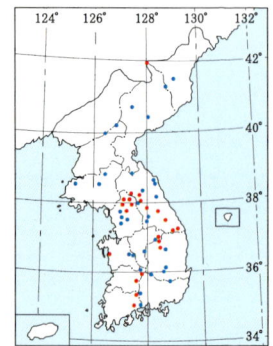

1 2 3 4 **5 6** 7 8 9 10 11 12

낙엽수림이나 양지바른 풀밭에서 자생 1994. 5. 18. 경기 포천 (김수남) ▶

근경이 옆으로 벋어 군생한다. 1997. 6. 15. 백두산 (김수남)

순판이 개의 고환과 흡사하다. 1995. 5. 24. 강원 점봉산 (김수남)

밑부분에 달린 잎은 초상(鞘狀)이다. 1996. 5. 25. 충북 월악산 (김수남)   자방 1995. 9. 17. 강원 삼척

※ 흰개불알꽃 1997. 6. 12. 백두산

※ 희미한 홍색이 섞인
흰개불알꽃 1992. 6. 10.
강원 태백산 (오병훈)

⑱ 왕개불알꽃 1996. 6. 18. 백두산

큰개불알꽃 (큰개불란, 노랑개불알꽃)

***Cypripedium calceolus* Linné**

日 Ô-kibana-atsumori (大黃花敦盛), Karafuto-atsumorisô (華太敦盛草)　　中 杓蘭

英 Lady's-slipper

　낙엽수림의 다소 양지바른 풀밭에서 자라는 낙엽성 지생종. 근경은 굵고 짧게 옆으로 벋으며 마디에서 철사 모양의 뿌리가 다수 내린다. 줄기는 높이 30~45cm로 직립하고 전체에 털이 있다. 잎은 3~5개가 줄기를 감싸서 호생하며 길이 15~25cm, 너비 5~10cm로 광타원형~장타원형이며 끝이 뾰족하다. 포는 잎 모양으로 1~3개가 길고 크다. 꽃은 황색이며 지름 약 3cm로 5월 하순~6월 하순에 총상 화서(總狀花序)로 1~3개가 달린다. 악편(萼片)과 측화판(側花瓣)은 자갈색으로 다소 꼬이고, 순판의 형태는 주머니 모양이며 황색이다.

＊ 종소명 '*calceolus*'는 라틴 어 '슬리퍼의'의 뜻으로 그리스 신화 중 "비너스 여신이 황금 마차를 타고 숲 속을 달리다 폭풍우를 만나 보랏빛 장식이 달린 황금 신 한 짝을 잃어버리게 되었다. 폭풍이 멎은 다음 날, 목동이 그 신을 발견하고 손으로 잡는 순간 황금 신은 어디론가 사라져 버리고 그 자리에 한 송이의 꽃이 남았다."는 이야기에서 유래하며, 국명은 '개불알꽃'보다 큰 데 연유하지만 꽃은 '개불알꽃'보다 작다.

　❀ **분 포**　함북(백두산·무산·나남), 평북(강계) 등 북부의 고지에 자생한다. 일본(근래 홋카이도 동부에서 발견), 중국, 몽골, 시베리아, 중앙 아시아, 유럽, 북아메리카 등 북반구에 광범위하게 분포하는 북방계 식물이다.

① ② ③ ④ ⑤ ⑥ ⑦ ⑧ ⑨ ⑩ ⑪ ⑫

낙엽수림 밑에서 자생 1997. 6. 12. 백두산 ▶

꽃이 총상 화서를 이룬다. 1997. 6. 12. 백두산 (김수남)

◀ 보통 1개의 화경에 2개의 꽃이 달린다. 1997. 6. 12. 백두산

털개불알꽃 (털개불란, 털복주머니꽃)

Cypripedium guttatum **Swartz var.** ***koreanum*** **Nakai**
- 日 Kibanano-atsumorisô(黃花之敦盛草)
- 中 紫點杓蘭

 고산의 양지바른 풀밭이나 산록의 숲 그늘에서 자라는 낙엽성 지생종. 근경은 가늘게 옆으로 벋고, 뿌리는 다소 굵고 단단하다. 줄기는 높이 10~30cm로 직립하며 연한 털이 있다. 잎은 2개가 호생하고 길이 7~15cm로 난형~타원형이며 다소 줄기를 감싸고 가장자리 아래의 맥(脈) 위로 짧은 털이 있고 끝이 뾰족하다. 포는 길이 2~4cm로 잎 모양이고 1개이며 넓은 피침형이고 끝이 날카롭게 뾰족하다. 꽃은 백색 바탕에 홍자색 반점이 있고 지름 3~5cm이며 5월 하순~7월 중순에 줄기 끝에 1개가 밑을 향해 달린다.

⊗ 흰털개불알꽃(for. *albiflorum*) : 백색 꽃이 핀다.

* 종소명 '*guttatum*'은 라틴 어 '물방울(gutta)'의 형용사형으로 순판에 있는 홍자색 점 모양에서 유래하고, 변종소명(變種小名) '*koreanum*'은 '한국산(産)'을 뜻한다. 국명은 '개불알꽃'과 비슷하고 잎·꽃·자방(子房) 등에 많은 털이 붙어 있는 데 연유한다.

❦ **분 포** 함북(백두산·관모봉), 함남(포태산·북수백산·부전령), 평북, 황해, 강원(설악산·함백산), 전북 등지의 고산에 희귀하게 자생한다. 기본종은 일본, 중국, 몽골, 시베리아, 중앙 아시아, 러시아, 북아메리카 등지에 분포하는 북방계 식물이다.

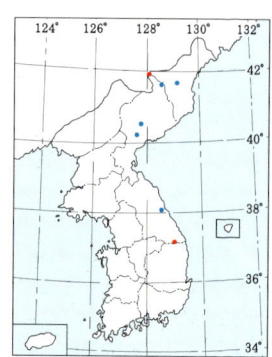

1 2 3 4 **5 6 7** 8 9 10 11 12

양지바른 풀밭에서 자생 1996. 6. 22. 백두산

순판의 점무늬가 특이하다. 1996. 6. 22. 백두산

자방 1994. 7. 20. 백두산

잎·꽃·자방에 털이 있다.
1996. 6. 8. 강원 함백산 (김수남)

숲 그늘에서도 자란다. 1996. 6. 6. 강원 함백산

※ 흰털개불알꽃 군락 1996. 6. 30. 백두산 (김유성)

광릉요강꽃 (연잎요강꽃, 치마난초, 큰복주머니꽃)

***Cypripedium japonicum* Thunberg**

- 日 Kumagai-sô(熊谷草)
- 中 扇脈杓蘭
- 英 Japanese lady's-slipper

낙엽수림 밑에서 자라는 낙엽성 지생종. 근경은 길게 옆으로 벋으며 각 마디에서 철사 모양의 다소 굵은 뿌리가 내린다. 줄기는 높이 20~40cm로 직립하고 거친 털이 빽빽이 나 있다. 잎은 지름 10~22cm로 대형이고 근접한 호생이며 아래의 3~4개는 초상, 위의 2개는 부채꼴 원형이며 방사상(放射狀)의 세로 주름이 있는 맥이 있고 밑부분에 짧은 털이 드문드문 있다. 포는 장타원형으로 끝이 날카롭게 뾰족하다. 화경(花莖)은 높이 약 15cm로 직립한다. 꽃은 담녹색이며 지름 약 8cm로 4월 하순~5월 상순에 줄기 끝에 1개가 밑을 향해 달린다. 환경부에서 특정 야생 식물 제 40호로 지정, 보호하고 있다.

⊗ **타이완광릉요강꽃**(*Cypripedium formosanum*) : 근래에는 동일종으로 취급하며, 타이완에 분포한다.

* 종소명 '*japonicum*'은 타입 표본의 산지(産地)를 나타내는 '일본산'을 뜻하며, 국명은 최초 채집지인 경기 광릉의 지명과 꽃 모양이 요강과 비슷한 데서 유래한다.

🌱 **분 포** 중부 지방의 경기(광릉) 천마산, 남부 지방의 전북(덕유산) 일대에 희귀하게 자생하지만 일본에서 도입된 종이라는 주장이 있다. 일본, 중국, 타이완 등 분포의 범위가 매우 협소한 동아시아 특산종이다.

1 2 3 **4 5** 6 7 8 9 10 11 12

낙엽수림 밑에서 자생 1991. 5. 5. 경기 죽엽산 (김수남) ▶

녹색 악편이 뒤로 젖혀진다. 1991. 4. 29. 경기 죽엽산 (김수남)

자방 1991. 6. 26. 경기 죽엽산 (김수남)

뿌리 1996. 4. 21. 경기 죽엽산 (김수남)

꽃이 피기 시작한다. 1991. 4. 19. (김수남)

잎이 올라온다. 1991. 4. 1. 경기 죽엽산 (김수남)

잎이 조금 자랐다. 1991. 4. 5. (김수남)

꽃이 활짝 폈다. 1991. 4. 22. (김수남)

잎이 벌어지기 직전이다. 1991. 4. 9. (김수남)

잎이 벌어지고 화경이 보인다. 1991. 4. 13. (김수남)

난초아과 ORCHIDIOIDEAE

나비난초족 Orchideae

잠자리난초속 / 방울난초속 / 손바닥난초속 /
구름병아리난초속 / 나도제비란속 / 북방나비난초속 /
나비난초속 / 병아리난초속 / 나도잠자리란속 /
개제비란속 / 씨눈난초속 / 제비난초속

해오라비난초의 구조

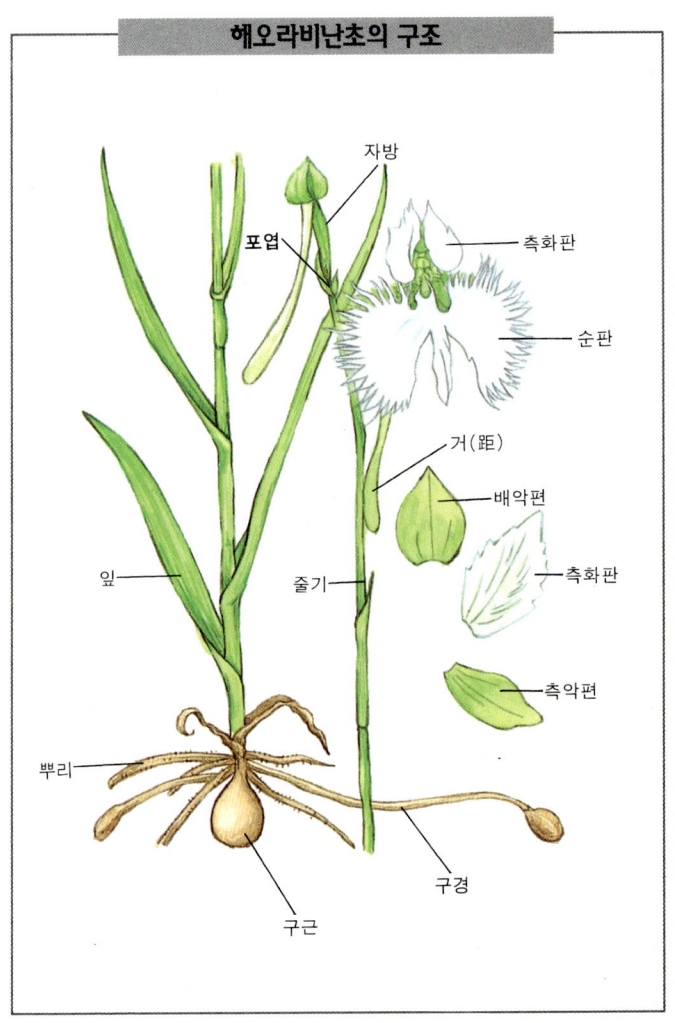

해오라비난초

Habenaria radiata (Thunberg) Sprengel
= *Pecteilis radiata* (Thunberg) Rafinesque
日 Sagi-sô(鷺草)

양지바른 습한 풀밭에서 자라는 낙엽성 지생종. 구경(球莖)이 옆으로 벋어 끝에 타원형의 구근(球根)이 달린다. 줄기는 높이 15~40cm로 직립하고 전체에 털이 없다. 잎은 호생하며 길이 5~10cm로 줄기 아래의 수개는 넓은 선형(線形)이고 윗부분의 2~3개는 포 모양으로 작다. 포는 길이 약 0.5cm로 난상 피침형이다. 화경은 구근에서 나오며 길이 10~20cm로 직립한다. 꽃은 백색이며 지름 약 3cm로 7월 하순~8월 하순에 1~2(4)개가 피는데, '해오라기'를 연상시키는 꽃 모양이 대단히 아름답다. 환경부에서 특정 야생 식물 제 41호로 지정, 보호하고 있다.

* 종소명 '*radiata*'는 라틴 어 '방사상으로 나온다'의 뜻으로 순판의 측열편(側裂片)에 있는 홈이 방사상으로 넓게 펼쳐진 데서 유래하고, 국명은 꽃 모양이 해오라기(해오라비는 해오라기의 사투리)를 닮은 데 연유한다.

분 포 경북(상주), 경남(지리산), 충북, 경기(칠보산), 강원(금강산), 함남(원산) 등지에 희귀하게 자생하지만 무분별한 채취로 멸종 위기에 있다. 일본, 중국 등 일부 지역에 제한되어 분포하는 동아시아 특산종이다.

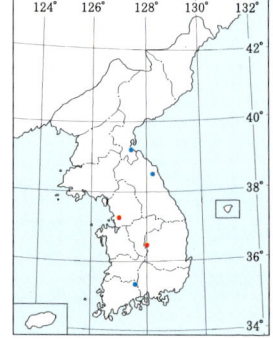

① ② ③ ④ ⑤ ⑥ ⑦ ⑧ ⑨ ⑩ ⑪ ⑫

양지바른 습한 풀밭에서 자생 1996. 8. 21. 경기 칠보산 ▶

해오라기가 날아가는 형상이다. 1995. 8. 13. 경기 칠보산 (김수남)

뿌리 1996. 8. 19. 경기 칠보산 (김수남)

◀ 순판의 측열편이 방사상이다.
　1996. 8. 10. 재배품

꽃이 피려고 한다 1994. 8. 11. 경기 칠보산 (김수남)

잠자리난초

Habenaria linearifolia Maximowicz

🇯🇵 Ô-mizutombo(大水蜻蛉)

 양지바른 습한 풀밭에서 자라는 낙엽성 지생종. 지하에 타원형의 구근과 수개의 가는 뿌리가 있다. 줄기는 높이 40~80cm로 직립하며 녹색이다. 잎은 호생하고 아래의 2~3개는 초상이며 1~2개의 큰 선형의 잎은 길이 10~20cm이지만 점차 작아져서 포엽(苞葉)과 연결되고 끝이 뾰족하다. 포는 길이 1~1.5cm로 피침형이다. 꽃은 백색으로 지름 1~1.5cm이며 7월 중순~9월 상순에 5~25개(많은 것은 50개)가 길이 7~15cm의 총상화서에 달린다. 악편과 화판은 백색이지만 순판은 흑색이고 측열편이 갈라지는 것과 측악편이 뒤로 젖혀지는 변화가 지역마다 차이가 있다. 거(距)가 발달하며, 제주산이 육지산보다 길이가 길다.

* 종소명 '*linearifolia*'는 라틴어 '선형(linearis)'과 '잎(folia)'의 합성어로 잎이 선형인 데 연유하고, 국명은 순판의 모양이 잠자리를 닮은 데서 유래한다.

❀ 분 포 제주(한라산 해발 1200m 이하), 남해 도서 및 남부·중부·북부(함남·함북) 지방 등 전국 각처에 자생한다. 일본, 중국, 우수리, 아무르, 동시베리아 등지의 냉·온대에 분포하는 동아시아 특산종이다.

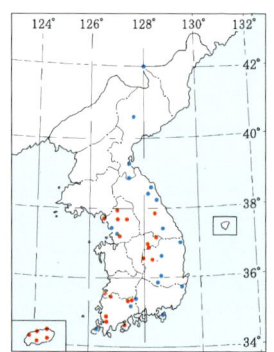

①②③④⑤⑥**⑦⑧⑨**⑩⑪⑫

양지바른 습한 풀밭에서 자생 1993. 8. 6. 제주 선돌 ▶

육지산은 대형종이 많다.
1994. 8. 12. 경북 의성 (김수남)

자방 끝에 마른 화피편이 붙어 있다.
1995. 8. 9. 제주 돈내코 (김수남)

제주산의 거(距)가 육지산보다 길다.
1995. 8. 8. 제주 돈내코 (김수남)

◀ 순판이 녹색이며 십자형이다. 1995. 8. 13. 인천 강화도 (김수남)

양지바른 습한 풀밭에서 군생 1993. 8. 8. 제주 천백고지

방울난초

Peristylus flagellifer (Makino) Ohwi
= *Habenaria flagellifera* Makino
日 Mukago-tombo(零余子蜻蛉)

침엽수림(주로 삼나무)과 다소 활엽수림이 섞인 점토질 땅에서 자라는 낙엽성 지생종. 난형의 구근 2개와 수개의 가는 뿌리가 있다. 줄기는 높이 20~50cm로 직립하고 전체에 털이 없으며 마르면 흑색으로 된다. 잎은 호생하며 길이 4~10cm로 밑부분의 2개는 초상이고 가운데의 4~5개는 장타원형~넓은 피침형으로 끝은 짧지만 날카롭고 윗부분의 것은 포 모양으로 소형이다. 포는 길이 0.5~1cm로 넓은 피침형이다. 꽃은 담녹색으로 9월 중순~10월 상순에 길이 10~25cm의 수상 화서(穗狀花序)에 달린다.

* 종소명 '*flagellifer*'는 '가죽 채찍을 가진 것의'의 뜻으로 순판의 측열편이 가늘게 주름 잡힌 형태에서 유래하며, 국명은 난형의 구근을 방울에 비유하여 붙여졌다.

분 포 제주의 저지대(서귀포)에 극히 희귀하게 자생하는 제주 고유 분포종으로 경기와 북부 지방에 분포한다는 기록이 있으나 자생지가 난대인 점을 감안하면 검토가 필요하다. 일본, 타이완, 인도 등 분포의 범위가 매우 협소한 남방계 식물이다.

① ② ③ ④ ⑤ ⑥ ⑦ ⑧ **⑨ ⑩** ⑪ ⑫

저지대의 삼나무 밑에서 자생 1994. 9. 24. 제주 고근산 ▶

꽃이 수상 화서에 달린다. 1994. 9. 24. 제주 고근산

◀ 순판의 측열편이 채찍 모양이다.
1995. 9. 30. 제주 고근산

손바닥난초(뿌리난초, 새발란)

Gymnadenia conopsea (Linné) R. Brown
🇯🇵 Tegata-chidori(手型千鳥)　🇨🇳 手蔘
🇬🇧 Fragrant-orchis, Long-tails

고산의 양지바른 풀밭에서 자라는 낙엽성 지생종. 뿌리는 일부가 손바닥 모양으로 비후하고, 줄기는 녹색이며 높이 30~60cm로 직립한다. 잎은 4~6개가 호생하고 길이 6~20cm로 넓은 선형~선상 피침형이며 끝이 뾰족하지만 아래의 것은 둔하다. 포는 넓은 피침형으로 꽃과 길이가 비슷하거나 약간 길다. 꽃은 담홍색으로 6월 하순~8월 중순에 길이 7~15cm의 수상 화서에 빽빽이 달린다. 제주산은 일본에 자생하는 종에 비하여 잎의 너비가 좁은 선상 피침형이 많으며, 백두산의 저지대에 자생하는 종은 개화 시기가 빠르고 대형이다.

⊛ **흰손바닥난초**(for. *leucantha*) : 백색 꽃이 핀다.

* 종소명 '*conopsea*'는 그리스 어 '하루살이'의 뜻으로 꽃 모양에서 유래하고, 국명은 지하에 있는 육질(肉質)의 뿌리 형태가 손바닥을 연상시키는 데서 유래한다.

🌱 **분 포**　제주(한라산 해발 1400m 이상), 경남, 경북, 충북(속리산), 평북, 함남, 함북 등지의 고산에 소수가 자생한다. 일본, 중국, 몽골, 시베리아, 히말라야, 유럽(남유럽의 이베리아 반도까지) 등지의 냉대에 분포하는 북방계 식물이다.

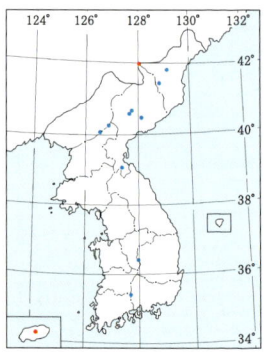

①②③④⑤⑥⑦⑧⑨⑩⑪⑫

양지바른 풀밭에서 자생 1993. 7. 30. 제주 한라산 ▶

담홍색 꽃이 밀집하여 개화한다. 1992. 8. 1. 제주 한라산

◀ 순판이 3렬한다. 1992. 8. 1. 제주 한라산

고산에 분포하는 북방계 식물 1996. 8. 4. 백두산

자방 1993. 8. 9. 제주 한라산

뿌리 1996. 8. 5. 백두산 (김수남)

55

주름제비란

Gymnadenia camtschatica (Chamisso et Schlechtendal) Miyabe et Kudo
=***Neolindleya camtschatica*** (Chamisso et Schlechtendal) Nevski

🇯 Nobine-chidori(延根千鳥)

낙엽수림 밑에서 자라는 낙엽성 지생종. 뿌리는 일부가 원기둥 모양이며 1개가 비후하고 가로로 벋은 끈 모양의 거친 것이 소수 있다. 줄기는 약간 굵고 높이 50~100cm로 직립하며 윗부분에 모서리가 있다. 잎은 4~7개가 호생하고 길이 4~15cm로 타원형~장타원형이며 가장자리가 물결 모양으로 주름이 지고 밑부분은 줄기를 감싸며 초상으로 끝이 둥글거나 뾰족하다. 포는 녹색이고 피침형이며 꽃보다 다소 길고 끝이 뾰족하다. 꽃은 담홍색으로 5월 중순~6월 하순(북부 지방은 7~8월)에 길이 5~15cm의 총상 화서에 달린다. 한국산 난초 가운데 꽃이 가장 빽빽이 달린다.

⊛ **흰주름제비란** (for. *leucantha*) : 백색 꽃이 핀다.

* 종소명 '*camtschatica*'는 타입 표본의 산지를 나타내는 '캄차카산'을 뜻하며, 국명은 잎의 가장자리가 물결 모양으로 주름이 진 데서 유래한다.

🌱 **분 포** 경북(울릉도), 강원(태백산), 평북(낭림산), 함북(백두산) 등지에 매우 희귀하게 자생한다. 일본, 사할린, 쿠릴 열도, 캄차카 반도 등지의 냉·온대에 분포하는 동아시아 특산의 북방계 식물이다.

낙엽수림 밑에서 자생 1996. 5. 23. 경북 울릉도

잎 가장자리가 물결 모양으로 주름진다. 1995. 5. 25. 경북 울릉도

양지에서는 꽃이 밀집하여 개화
1991. 5. 20. 경북 울릉도 (김수남)

88 흰주름제비란
1991. 5. 20. 경북 울릉도 (김수남)

구름병아리난초 (산나사난초)

Neottianthe cucullata (Linné) Schlechter
= *Gymnadenia cucullata* (Linné) L. C. Richard
日 Miyama-mojizuri(深山綟摺)   中 二葉兜被蘭

다소 양지바른 침엽수림이나 낙엽수림 밑에서 자라는 낙엽성 지생종. 뿌리는 일부가 난형으로 비후하며 수개의 가는 것이 있다. 줄기는 높이 10~30cm로 직립하고 화경 모양이다. 잎은 보통 2(3)개가 호생하며 길이 2.5~7cm로 줄기 밑부분에 접해서 붙고 타원형~넓은 피침형이며 표면은 황록색이고 다소 부드러우며 끝이 둔하다. 포는 피침형으로 끝이 뾰족하다. 꽃은 담홍색으로 7월 중순~9월 하순에 다수가 한쪽으로 치우친 수상 화서에 달린다.

⊛ **점백이구름병아리난초**(for. *maculata*) : 잎에 자주색의 반점이 있다.

⊛ **흰구름병아리난초**(for. *leucantha*) : 백색 꽃이 핀다.

✽ 종소명 '*cucullata*'는 라틴 어 '모자 또는 투구를 쓴'의 뜻으로 윗부분에 있는 화피편(花被片) 5개의 형태를 비유하여 붙여졌으며, 국명은 자생지가 구름이 걸리는 깊고 높은 산이고 전체의 형태가 '병아리난초'와 비슷한 데서 유래한다.

🌱 **분포** 함북(백두산), 함남(영흥), 평북, 강원(대관령·삼척), 경기, 충북(속리산), 경남(가야산·지리산) 등지에 매우 희귀하게 자생한다. 일본, 중국, 몽골, 사할린, 시베리아, 중앙 아시아, 러시아, 중부 유럽 등지의 냉대에 분포하는 북방계 식물이다.

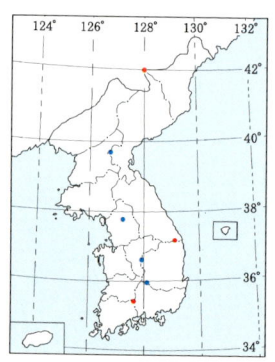

①②③④⑤⑥⑦⑧⑨⑩⑪⑫

낙엽수림 밑에서 자생 1996. 9. 8. 강원 삼척 (김수남) ▶

꽃이 수상 화서를 이룬다. 1995. 9. 17. 강원 삼척 (김수남)

그늘사초와 함께 자란다. 1995. 9. 24. 강원 삼척 (김수남)

⊛ 흰구름병아리난초 1995. 9. 17. 강원 삼척

나도제비란(오리난초)

Galeorchis cyclochila (Franchet et Savatier) Nevski
= **Orchis cyclochila** (Franchet et Savatier) Maximowicz
日 Kamome-ran(鷗蘭)

    숲 속의 다소 양지바른 곳에서 자라는 소형의 낙엽성 지생종. 뿌리는 다소 비후하고 길며 거칠고 가는 것이 수개 있다. 줄기는 높이 7~17cm로 직립하고 전체에 털이 없으며 밑부분은 막질(膜質)로 초상엽(鞘狀葉)에 싸여 있다. 잎은 길이 4~7cm로 광타원형이며 기부는 다소 엽병(葉柄)으로 되어 줄기 아래에서 나오고 끝이 약간 둥글다. 포는 길이 1~2.5cm로 좁은 장타원형이고 막질이며 아래의 것은 꽃보다 길게 나온다. 꽃은 담홍색으로 5월 중순~6월 하순에 2(3~5)개가 수상 화서에 달린다. 환경부에서 특정 야생 식물 제 42호로 지정, 보호하고 있다.

⊛ **흰나도제비란**(for. *leucantha*) : 백색 꽃이 핀다.

* 종소명 '*cyclochila*'는 그리스 어 '원주(cyclos)'와 '입술(cheilos)'에서 유래한 합성어로 넓은 뜻의 '*Orchis*속(屬)'은 순판이 3개로 갈라지는 데 비하여 본 종은 갈라지지 않는 데 연유하고, 국명은 우리말의 '나도~'가 '~와 비슷한'이라는 뜻으로 동식물 명에 사용되며 '제비난초'와 비슷한 데서 유래한다.

🌱 **분 포** 제주(한라산 해발 1300m 이상), 전남(두륜산·지리산), 전북(덕유산·진안·장수), 경남(지리산), 강원, 함남(파발), 함북(백두산) 등지에 자생한다. 일본, 중국, 우수리, 아무르, 사할린 등지의 냉대에 분포하는 동아시아 특산의 북방계 식물이다.

① ② ③ ④ ⑤ ⑥ ⑦ ⑧ ⑨ ⑩ ⑪ ⑫

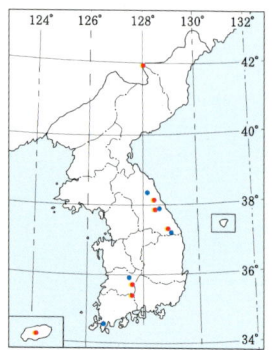

낙엽수림 밑에서 자생 1994. 5. 29. 제주 한라산

순판에 많은 홍색 반점이 있다. 1991. 5. 20. 제주 한라산

보통 2개의 꽃이 핀다.
1996. 6. 6. 강원 함백산 (김수남)

드물게 4개의 꽃이 달린다. 1994. 5. 26. 제주 한라산

바위 틈에서 일렬로 자생 1992. 5. 17. 제주 한라산 (김수남)

꽃과 전년도 자방 1996. 6. 23. 백두산

⑧ 흰나도제비란 1991. 5. 18. 제주 한라산

북방나비난초〔신칭〕

Dactylorchis aristata (Fischer) Vermeulen
= ***Orchis aristata*** Fischer
日 Hakusan-chidori(白山千鳥)

　다소 습하고 양지바른 풀밭에서 자라는 낙엽성 지생종. 뿌리는 일부가 손바닥 모양으로 비후하다. 줄기는 높이 10~40cm로 직립한다. 잎은 3~6개가 호생하고 길이 5~18cm로 도피침형~넓은 선형이며 끝이 둔하다. 포는 길이 1.3~2.5cm로 선상 피침형이며 끝이 길고 날카롭다. 꽃은 아름다운 홍자색으로 7월 중순~8월 중순에 다수가 총상 화서에 빽빽이 달린다.

※ **얼룩북방나비난초**(for. *punctata*) : 잎에 짙은 자주색의 반점이 있다.
※ **흰북방나비난초**(for. *albiflora*) : 백색 꽃이 핀다.

＊ 종소명 '*aristata*'는 라틴 어 '까끄라기 모양의'의 뜻으로 악편(萼片)이 꽃의 윗부분에 모여 있지만 투구 모양으로 되지 않는 데서 유래하고, 국명은 일본 열도를 제외하고는 주로 북위 40° 이북의 북방에 자생하며 '*Orchis*속'의 꽃 모양이 '나비난초'와 비슷한 데서 필자가 명명하였다.

🌿 **분 포** 함북(백두산·관모봉), 함남(북수백산·대덕산) 등 북부 고산에 희귀하게 자생한다. 일본, 사할린, 쿠릴 열도, 오호츠크 해 연안, 캄차카 반도, 알류샨 열도, 베링 해 연안, 알래스카, 캐나다, 미국 등지에 분포하는 북방계 식물이다.

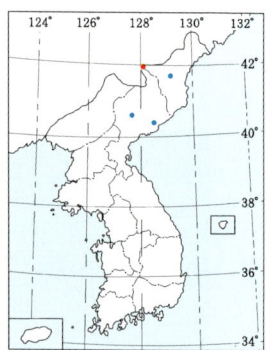

１ ２ ３ ４ ５ ６ ７ ８ ９ １０ １１ １２

양지바른 풀밭에서 자생 1990. 8. 3. 백두산 (오병훈) ▶

나비난초

Ponerorchis graminifolia Reichenbach fil.
= *Orchis graminifolia* (Reichenbach fil.) Tang et Wang
🇯 Uchô-ran(羽蝶蘭)

　습한 바위 틈이나 습지에서 자라는 낙엽성 지생종. 뿌리는 구형(球形)으로 비후한 것과 소수의 가는 것이 있다. 줄기는 비스듬히 위로 올라가며 높이 7~20cm로 아래에 진한 자주색 잔점이 있다. 잎은 2~3(4)개가 다소 한쪽을 향하여 호생하고 길이 7~12cm로 넓은 선형이며 끝이 날카롭고 아래는 줄기를 감싸서 짧은 초로 된다. 포는 선형으로 자방보다 짧거나 길며 끝이 길고 날카롭다. 꽃은 홍자색으로 6월 중순~7월 중순에 5~8개가 총상 화서를 이루어 다소 한쪽을 향하여 핀다.

⊛ 흰나비난초(for. *albiflora*) : 백색 꽃이 핀다.

* 종소명 '*graminifolia*'는 '벼과와 비슷한(gramiaus)'과 '잎(folia)'의 합성어로 선형(線形)의 작고 처진 잎과 줄기가 벼과를 연상시키는 데서 유래하고, 국명은 꽃 모양이 나비와 비슷한 데 연유한다.

🌱 **분 포** 충북(진천), 경기 북부, 강원(금강산), 함남(부전 고원·백암산), 함북(관모봉) 등 북부 고산에 자생한다는 기록이 있으나 일본의 분포지가 난대인 점을 감안하면 검토가 필요하다. 일본에 국한하여 분포하는 동아시아 특산종이다.

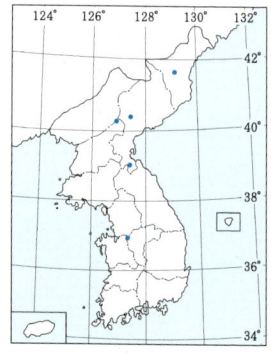

①②③④⑤**⑥⑦**⑧⑨⑩⑪⑫

양지바른 습지에서 자생 1991. 7. 2. 재배품 (김수남) ▶

⑧ 흰나비난초 1996. 6. 30. 재배품

꽃 모양이 나비와 비슷하다. 1996. 6. 30. 재배품

병아리난초(바위난초)

Amitostigma gracile (Blume) Schlechter

🇯🇵 Hina-ran(雛蘭)　　　🇨🇳 細葶無柱蘭

　산의 숲 그늘 이끼 낀 바위 위에서 자라는 다소 소형의 낙엽성 지생종. 지하에 육질의 방추근(紡錘根) 1~2개와 가는 뿌리가 있다. 줄기는 높이 8~20cm로 가늘고 길며 한쪽으로 비스듬히 올라간다. 잎은 줄기의 기부에서 다소 위로 1개가 붙고 길이 3~8cm로 장타원형이며 털이 없고 끝은 둔하거나 날카롭고 기부는 다소 줄기를 감싼다. 포는 난형으로 1맥이며 끝이 둔하지만 윗부분은 타원형이다. 꽃은 작고 담자색이며 6월 하순~8월 상순에 길이 1~4cm의 총상 화서를 이루어 줄기 끝에 한쪽으로 치우쳐 약간 빽빽이 핀다.

❀ **흰병아리난초**(for. *manshuricum*) : 백색 꽃이 핀다.

* 종소명 '*gracile*'는 라틴 어 '섬세한'의 뜻으로 꽃이 가늘면서도 화서에 빽빽하게 붙는 데서 유래하고, 국명은 난초과 식물 중에 꽃이 매우 소형이고 그 모양이 귀여운 병아리를 닮은 데 연유한다.

🌱 **분 포** 제주의 저지대, 남부 도서 및 고지대를 포함한 남부·중부·북부(묘향산·백두산) 지방 등 전국 각처에 광범위하게 자생한다. 일본, 중국 등지에 분포하는 동아시아 특산종이다.

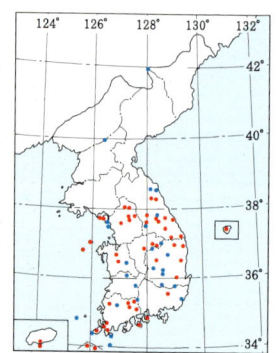

① ② ③ ④ ⑤ ❻ ❼ ❽ ⑨ ⑩ ⑪ ⑫

이끼 낀 바위에서 자생 1993. 6. 15. 제주 하추자도 ▶

꽃이 한쪽으로 치우친 총상 화서를 이룬다. 1992. 6. 18. 제주 하추자도

1개의 잎이 단생한다. 1994. 7. 9. 경기 포천 (김수남)

성숙한 자방 1995. 9. 24. 강원 삼척 (김수남)

⑱ 흰병아리난초 1994. 7. 9. 경기 포천 (김수남)

15

나도잠자리란속

나도잠자리란(제비잠자리란)

Tulotis ussuriensis (Regel et Maack) Hara
=***Perularia ussuriensis*** (Regel et Maack) Schlechter

日 Tombo-sô(蜻蛉草)　　　　　中 小花蜻蜓蘭

　산의 낙엽수림 밑에서 군생(群生)하는 낙엽성 지생종. 뿌리는 가늘고 길며 다소 비후하고 안쪽 1개에서 싹이 나온다. 줄기는 높이 15~35cm로 녹색이고 가늘게 직립하며 가운데에 보통 2개의 잎이 붙고 그 위에 수개의 작은 포엽이 달린다. 잎은 호생하고 길이 5~15cm로 좁은 장타원형~넓은 도피침형이며 기부는 가늘지 않다. 포는 좁은 피침형으로 꽃과 길이가 비슷하며 끝이 뾰족하다. 꽃은 담녹색으로 7월 상순~8월 상순에 다수가 길이 3~10cm의 수상 화서에 빽빽이 모여 핀다.

＊ 종소명 '*ussuriensis*'는 '우수리의'의 뜻으로 최초 채집지가 '우수리' 지방인 데서 유래한다. 국명은 소형의 측화판(側花瓣)과 'J' 모양의 순판이 잠자리를 닮은 데 연유하며, 한국의 식물학자 '정태현'이 최초로 기재한 국명 '나도잠자리난초'를 명명의 선취권으로 존중하여 붙여졌다.

🌱 **분 포** 제주 및 남부·중부·북부(평북·함남·함북) 지방 등 전국 각처의 낙엽수림대에 비교적 광범위하게 자생한다. 일본, 중국, 타이완, 남쿠릴 열도, 사할린, 우수리, 아무르, 동시베리아 등지의 냉·온대에 분포하는 동아시아 특산종이다.

① ② ③ ④ ⑤ ⑥ **7** **8** ⑨ ⑩ ⑪ ⑫

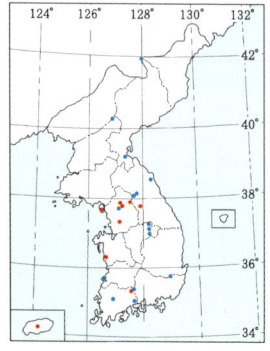

낙엽수림 밑에서 자생 1994. 7. 19. 제주 동수악

꽃이 수상 화서를 이룬다. 1994. 7. 25. 제주 동수악

근경이 옆으로 벋어 군생한다. 1992. 4. 26. 인천 옹유도 (김수남)

소형의 꽃이 모여 핀다. 1993. 7. 21. 제주 한대오름

큰나도잠자리란(나도잠자리란)〔개칭〕

Tulotis fuscescens (Linné) Czerniak
= *Tulotis asiatica* Hara

日 Hiroha-tombosô(廣葉之蜻蛉草)　中 蜻蜓蘭

　낙엽수림 밑에서 자라는 낙엽성 지생종. 뿌리는 수개가 비후하고 가장 큰 1개에서 화경이 나온다. 줄기는 높이 25~50cm로 직립하고 가운데 2~3개의 큰 잎과 그 위에 소수의 작은 포엽이 있다. 잎은 호생하고 길이 10~20cm로 광타원형~장타원형이다. 포는 좁은 피침형으로 꽃보다 길거나 비슷하고 끝이 뾰족하다. 꽃은 담녹색으로 6월 중순~8월 중순에 길이 7~15cm의 수상 화서에 약간 빽빽이 달린다.

* 종소명 '*fuscescens*'는 '다소 갈색의'의 뜻으로 꽃의 화분괴(花粉塊) 부분이 갈색을 띠는 데서 1753년 스웨덴의 식물학자 'C. von Linné'가 '*Orchis* 속'으로 최초로 기재하였다. 국명은 '나도잠자리란'에 비하여 전체 크기·잎·화서·악편·순판 등이 큰 데 연유한다. '나도잠자리란'이라는 이름은 동명 이종(同名異種)이다. 일본의 '히로시하라(原寬)'가 '*Tulotis asiatica*'로 발표한 학명을 애용하지만 명명 선취권을 인정하여 'E. Czerniak'의 학명이 타당하다.

분 포 제주를 제외한 전남(백양산), 전북(내장산), 강원(태백산·함백산·발왕산), 경기(가평), 함남(혜산), 함북(백두산) 등지에 소수 분포한다. 일본, 중국, 시베리아, 알타이 산맥, 중앙 아시아 등 냉·온대 및 아한대에 분포하는 북방계 식물이다.

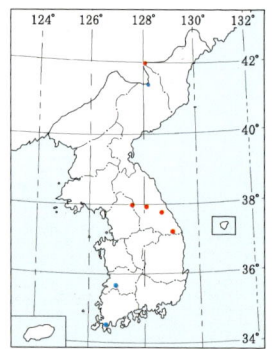

1 2 3 4 5 **6 7 8** 9 10 11 12

낙엽수림 밑에서 자생 1996. 6. 22. 백두산 (김수남) ▶

자방 1996. 6. 22. 백두산 (김수남)   꽃이 총상 화서를 이룬다. 1995. 6. 30. 경기 명지산

화분괴가 갈색을 띤다. 1996. 6. 22. 백두산

개제비란(몽올난초)

***Coeloglossum viride* (Linné) Hartman var. *bracteatum* (Willdenow) Richter**

日 Ao-chidori(靑千鳥)   中 凹舌蘭
英 Bracted or long-bracted green orchis

고산의 양지바른 풀밭이나 낙엽수림 밑에서 자라는 낙엽성 지생종. 뿌리는 일부가 비후하며, 줄기는 높이 15~40cm로 직립하고 털이 없으며 밑부분의 1~2개가 막질의 초상엽에 싸여 있다. 잎은 2~4(8)개가 호생하고 길이 4~10cm로 장타원형~넓은 피침형이며 비스듬히 올라가고 끝이 둔하지만 위로 갈수록 뾰족하다. 포는 길이 1~4cm로 녹색이고 좁은 피침형이며 꽃보다 길게 나오며 막질이고 아래의 것은 길이 3~5cm이다. 꽃은 담녹색~담녹색 바탕에 갈색을 띠며 5월 하순~6월 중순(북부지방은 6~8월)에 6~7개가 길이 4~12cm의 수상 화서에 달린다.

⊛ **붉은개제비란**(for. *purpureus*) : 화경과 꽃이 자갈색을 띤다.

✽ 종소명 '*viride*'는 '녹색의'의 뜻으로 '개제비란'의 기본종 전체가 녹색인 데서 유래하며, 변종소명 '*bracteatum*'은 '포엽이 있는'의 뜻으로 녹색의 포엽이 있는 데 연유한다. 국명은 '제비난초'와 같은 부류로써 명명되었다.

✿ **분 포** 제주(한라산 해발 1400m 이상), 전남, 경남, 함북(관모봉·백두산) 등지에 희귀하게 자생한다. 일본, 중국, 타이완, 몽골, 시베리아, 히말라야, 중앙 아시아, 소아시아 반도, 유럽, 북아메리카 등지에 광범위하게 분포하는 북방계 식물이다.

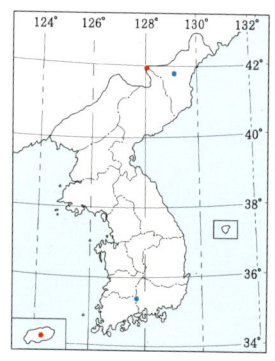

①②③④**⑤⑥⑦⑧**⑨⑩⑪⑫

양지바른 풀밭에서 자생 1993. 5. 28. 제주 한라산

화경이 담갈색을 띤다. 1993. 5. 28. 제주 한라산

전체가 녹색인 기본종
1993. 5. 30. 제주 한라산 (김수남)

순판이 3렬한다. 1996. 6. 20. 백두산

포태제비란

Coeloglossum coreanum (Nakai) Schlechter
日 Chôsen-yamaran(朝鮮山蘭)

   고산의 잎갈나무 숲 그늘이나 양지바른 풀밭에서 자라는 낙엽성 지생종. 뿌리는 여러 개가 손바닥 모양으로 비후하다. 줄기는 높이 약 20cm로 직립하고 밑부분에 막질로 된 초상엽이 달린다. 잎은 털이 없고 윗부분의 큰 잎 3개는 피침형으로 호생하며 끝이 둔하다. 포는 좁은 피침형으로 녹색이고 꽃보다 길거나 비슷하다. 꽃은 담녹색 바탕에 갈색이 돌며 6월 하순~8월 중순에 6~7개가 길이 4~12cm의 총상 화서에 달린다. '개제비란'은 순판의 측열편이 길고 중열편이 희미한 데 비하여, 본 종은 순판의 측열편과 중열편이 고르게 3렬한다.

* 종소명 '*coreanum*'은 타입 표본의 산지를 나타내는 '한국산'을 뜻하며, 국명은 최초 채집지인 함남 포태산의 지명과 꽃 모양이 '제비난초'와 비슷한 데서 유래한다.

❦ 분포 함북(백두산), 함남(포태산) 등 북부 고산의 일부 지역에 국한하여 매우 희귀하게 자생한다. 한국 특산종인 북방계 식물로 알려졌지만, 중국의 둥베이(東北) 지방에도 분포한다.

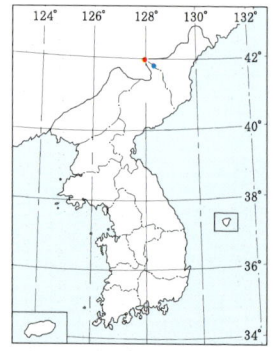

① ② ③ ④ ⑤ **6 7 8** ⑨ ⑩ ⑪ ⑫

양지바른 풀밭에서 자생 1996. 8. 4. 백두산 (김수남) ▶

북부 고산에 희귀하게 자생
1996. 8. 4. 백두산 (김수남)

◀ 포엽이 좁은 피침형이다. 1996. 8. 4. 백두산   뿌리 1996. 8. 4. 백두산 (김수남)

씨눈난초 (구슬난초)

Herminium lanceum (Thunberg et Swartz) J. Vuijk
var. *longicrure* (C. Wright) Hara
=*Herminium longicrure* (C. Wright) Wang et Tang
日 Mukago-sô (零余子草)

산지의 다소 양지바른 풀밭에서 자라는 낙엽성 지생종. 지하에 2개의 구형으로 된 뿌리와 수개의 가는 뿌리가 있다. 줄기는 높이 20~45cm로 직립하며 밑부분은 초로 된다. 잎은 3~4개가 호생하고 길이 8~20cm로 피침형이며 끝이 뾰족하고 기부는 줄기를 감싸며 초상엽이 된다. 포는 난상 삼각형으로 1맥이며 꽃보다 다소 길거나 짧다. 꽃은 담녹색으로 7월 중순~8월 중순에 길이 5~15cm의 수상 화서에 빽빽이 달린다.

* 종소명 '*lanceum*'은 라틴 어 '피침형의'의 뜻으로 피침형의 잎에서 유래하고, 변종소명 '*longicrure*'는 라틴 어 '긴 다리의'의 뜻으로 줄기와 화경이 긴 데 연유한다. 국명은 지하의 비후한 육질의 뿌리에서 싹이 트는 데 연유한다.

🌱 **분 포** 제주의 저지대(서귀포·동남제주), 전남(지리산), 경남(가야산), 경북, 경기, 강원, 함북(관모봉) 등지에 희귀하게 자생한다. 일본, 중국, 타이완, 타이, 열대 히말라야 등 온대 동아시아~열대 아시아에 분포한다.

① ② ③ ④ ⑤ ⑥ **7 8** ⑨ ⑩ ⑪ ⑫

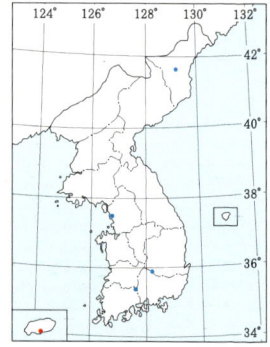

산지의 양지바른 풀밭에서 자생 1993. 7. 30. 제주 돈내코 ▶

잎이 피침형이다. 1993. 7. 30. 제주 돈내코

◀ 꽃이 총상 화서를 이룬다. 1995. 7. 28. 제주 고근산

20 씨눈난초속

나도씨눈란(진들난초)

Herminium monorchis (Linné) R. Brown

🇯🇵 Kushiro-chidori(釧路千鳥) 🇨🇳 角盤蘭
🇬🇧 Musk-orchis, Musk-ophris

숲 그늘이나 양지바른 풀밭에서 자라는 낙엽성 지생종. 지하에 구형의 비후한 뿌리가 있고 기부에서 옆으로 벋는 뿌리가 나온다. 줄기는 높이 10~45cm로 녹색이며 직립한다. 잎은 보통 줄기의 기부에 2개가 호생하고 길이 3~10cm로 좁은 장타원형이며 끝이 뾰족하고 기부는 줄기를 감싸서 초상엽이 된다 또는 작고 녹색으로 1~3개가 있고 피침형이며 끝이 꼬리 모양으로 된다. 꽃은 담녹색으로 반쯤 벌어지며 7월 상순~8월 중순에 길이 10~15cm의 수상 화서에 다소 한쪽으로 치우쳐 빽빽하게 달린다.

* 종소명 '*monorchis*'는 '하나(mono)'와 '난초(orchis)'의 합성어로 지하에 육질로 된 새로운 구근이 '*Habenaria* 속'처럼 지난해의 구근에서 하나가 떨어져 나오는 데서 유래하며, 국명은 '씨눈난초'와 겉모양 및 생태가 비슷한 데 연유한다.

🌱 **분 포** 전남, 경남, 강원, 함남(혜산), 함북(백두산) 등지의 다소 고지에 희귀하게 자생한다. 일본, 중국, 몽골, 우수리, 아무르, 시베리아, 티베트, 고산 히말라야, 중앙 아시아, 소아시아 반도, 유럽 등 유라시아 대륙에 분포하는 북방계 식물이다.

①②③④⑤⑥**⑦⑧**⑨⑩⑪⑫

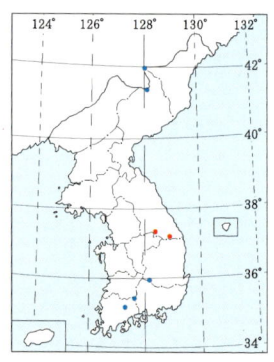

양지바른 풀밭에서 자생 1991. 7. 18. 강원 영월 (김수남)

큰제비란

Platanthera sachalinensis Fr. Schmidt

🇯🇵 Ô-yamasagisô(大山鷺草)

산의 숲 그늘에서 자라는 낙엽성 지생종. 뿌리는 육질로 크고 긴 것이 2~3개 있다. 줄기는 높이 40~60cm로 직립하고 희미한 모서리가 있으며 날개는 없다. 잎은 1~3개(보통 2개)가 호생하고 길이 9~23cm로 표면은 윤기가 있고 장타원형이며 끝이 둔하고 기부는 좁아져서 초로 되며 줄기를 감싸고 위로 갈수록 점차 작아져서 포와 연결된다. 인편엽(鱗片葉)은 3~10개로 피침형이다. 포는 피침형으로 보통 꽃보다 길고 끝이 뾰족하다. 꽃은 녹색을 띤 백색으로 6월 상순~7월 상순에 길이 8~20cm의 수상 화서에 약간 빽빽이 달린다.

* 종소명 'sachalinensis'는 라틴 어 '사할린'의 형용사형으로 최초 발견지인 '사할린'의 지명에서 유래하며, 국명은 '제비난초'에 비하여 전체 크기·잎·화서가 큰 데 연유한다. 겉모양이 '제비난초'보다는 '산제비란'에 더 가까운 형태이므로 '큰산제비란'이라는 명칭이 이상적이나 관용화되었다.

분포 경북(주왕산·소백산), 경기(화악산), 강원(춘천·오대산·발왕산·계방산·설악산), 평북, 함남, 함북(백두산) 등지에 광범위하게 소수 분포한다. 일본, 중국, 사할린, 남쿠릴 열도 등지의 냉·온대에 분포하는 동아시아 특산의 북방계 식물이다.

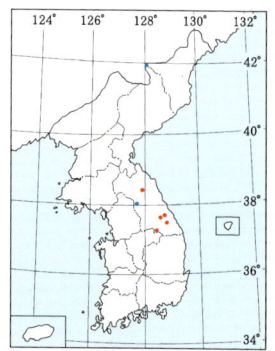

①②③④⑤**⑥⑦**⑧⑨⑩⑪⑫

낙엽수림 밑에서 자생 1993. 6. 24. 강원 함백산 (김수남)

산제비란

***Platanthera mandarinorum* Reichenbach fil.**

日 Yama-sagisô(山鷺草)　　中 尾瓣舌唇蘭

　산지의 양지바른 곳에서 자라는 낙엽성 지생종. 뿌리는 육질로 비후한 것과 가는 것이 있다. 줄기는 높이 20~40cm로 직립한다. 잎은 길이 5~12cm로 선상 장타원형이며 다소 줄기를 감싸고 끝이 뾰족한데 기부가 가장 크고 점차 작아져서 포엽과 연결된다. 포는 길이 0.5~2cm로 피침형이며 끝이 뾰족하다. 꽃은 담녹색으로 5월 하순~8월 상순에 길이 5~12cm의 수상 화서에 달린다.

❀ **짧은산제비란**(var. *brachycentron*) : 화경이 기본종보다 짧고, 포엽이 0~2개이다.

❀ **긴산제비란**(var. *mandarinorum*) : 기본종과 비슷하지만 거(距)의 길이가 1.7~2cm이다.

❀ **하늘산제비란**(var. *neglecta*) : 거가 위로 올라가 있다.

* 종소명 '*mandarinorum*'은 라틴 어 '청나라 고관(高官)의 모자'의 형용사형으로 중국 대륙(당시 청나라)에서 최초 채집 당시의 꽃 모양이 다소 크면서도 기이하고 동양적인 데서 유래하며, 국명은 자생지가 주로 산지이고 꽃 모양이 '제비난초'와 비슷한 데 연유한다.

🌱 **분 포**　제주(한라산 해발 1700m 이하), 남부·중부·북부(함남·함북) 지방 등 전국 각처에 광범위하게 분포한다. 일본, 중국, 사할린, 우수리, 동시베리아 등지의 냉·온대에 분포하는 동아시아 특산종이다.

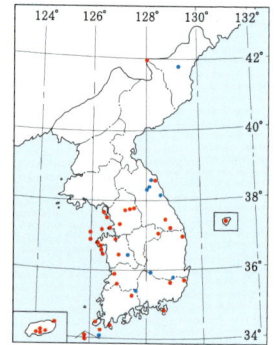

양지바른 풀밭에서 자생 1993. 6. 28. 제주 돈내코

꽃 모양이 기이하고 동양적이다.
1993. 6. 25. 제주 동수악

꽃이 수상 화서를 이룬다. 1996. 8. 4. 백두산

꽃과 전년도 자방 1996. 8. 4. 백두산

⑧ 거가 위로 올라간 하늘산제비란 1991. 6. 23. 충남 안면도 (김수남)

산제비란 군락 1994. 6. 29. 제주 돌오름

애기제비란

Platanthera maximowicziana Schlechter
=*Platanthera mandarinorum* Reichenbach fil.
var. *maximowicziana* (Schlechter) Ohwi
日 Takane-sagisô(高嶺鷺草)

  고산의 양지바른 풀밭에서 자라는 소형의 낙엽성 지생종. 뿌리는 소수의 가는 것과 비후한 방추근으로 되어 있다. 줄기는 높이 10~20cm로 비후한 뿌리에서 나오며 직립한다. 잎은 아래의 1개가 가장 크고 길이 3~4cm로 좁은 장타원형이며 끝이 둔하고 윗부분의 2~3개는 점차 작아져서 포엽과 연결되며 기부는 줄기를 감싼다. 인편엽은 피침형으로 작다. 포는 길이 0.5~1cm로 장타원상 피침형이다. 꽃은 담녹색으로 7월 중순~8월 중순에 길이 4~8cm의 수상 화서에 아래를 향하여 소수가 핀다. '산제비란'의 측악편(側萼片)이 뒤로 굽은 데 비하여 곧고, 화판(花瓣)이 배악편(背萼片)보다 다소 길며, 전체 크기가 소형인 점에서 '산제비란'과 구분된다.

* 종소명 '*maximowicziana*'는 'Maximowicz의'의 뜻으로 제정 러시아의 식물학자 'C. Maximowicz'를 기념하여 명명한 것이며, 국명은 '산제비란'에 비하여 소형인 데서 유래한다.

💚 **분 포** 제주(한라산 해발 1500m 이상), 강원(함백산) 등지의 고지에 소수가 자생한다. 일본, 중국, 남쿠릴 열도, 동시베리아 등지의 냉·온대에 분포하는 동아시아 특산의 북방계 식물이다.

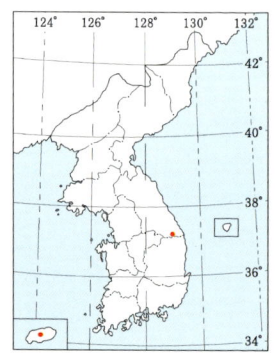

고산의 양지바른 풀밭에서 자생 1992. 7. 28. 제주 한라산

강한 햇볕에 잎이 탄다. 1993. 7. 30. 제주 한라산

◀ 꽃이 소수이며 수상 화서로 붙는다. 1992. 7. 28. 제주 한라산

제비난초

***Platanthera metabifolia* F. Maekawa**

日 Futaba-tsuresagi(双葉蓮れ鷺), Ezo-chidori (蝦夷千鳥)

숲 속에서 자라는 낙엽성 지생종. 뿌리는 일부가 방추상으로 비후하고 여러 개의 가는 것이 있다. 줄기는 높이 20~50cm로 직립하며 녹색이다. 잎은 밑부분에 2개가 호생하고 길이 8~15 cm로 장타원형이며 끝이 둔하고 기부는 가늘어져 초로 되며 윗부분의 잎은 피침형으로 작아진다. 포는 피침형으로 꽃보다 짧고 끝이 뾰족하다. 꽃은 백색으로 다소 대형이며 6월 상순~7월 중순에 길이 8~16 cm의 수상 화서에 다소 빽빽이 달리며 향기가 있다.

* 종소명 '*metabifolia*'는 '다른(meta)'과 '두 개의 잎(bifolia)' 또는 '제비난초속'의 기본종으로 동시베리아에서 유럽의 대부분에 분포하는 '*Platanthera bifolia*의 종소명'의 합성어로 '*Platanthera bifolia*'와 다른 데서 명명되었고, 국명은 꽃 모양이 제비를 연상시키는 데서 유래한다.

❦ 분포 제주를 제외한 남부·중부·북부(함남·함북) 지방 등 전국 각처에 광범위하게 분포한다. 일본, 중국, 사할린, 남쿠릴 열도, 오호츠크 해 연안, 동시베리아 남부, 서시베리아 등지에 분포하는 동아시아 특산의 북방계 식물이다.

① ② ③ ④ ⑤ **⑥ ⑦** ⑧ ⑨ ⑩ ⑪ ⑫

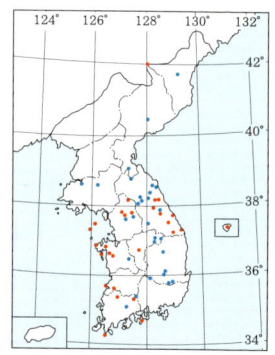

낙엽수림 밑에서 자생 1996. 6. 9. 충남 태안 반도 (김수남)

꽃이 수상 화서를 이룬다. 1996. 6. 7. 경기 남양주 (김수남)

◀ 꽃의 모양이 제비를 연상시킨다.
1992. 6. 17. 인천 울도 (김수남)

갈매기난초

Platanthera japonica (Thunberg) Lindley
日 Tsure-sagisô(蓮れ鷺草)   中 舌唇蘭

산지의 다소 양지바른 풀밭이나 낙엽수림 밑에서 자라는 낙엽성 지생종. 뿌리는 다소 비후하고 굵은 끈 모양으로 수개 있으며 길게 옆으로 자라고 가장 큰 뿌리에서 싹이 돋는다. 줄기는 높이 40~60cm로 직립한다. 잎은 3~5(8)개가 호생하고 길이 10~20cm로 장타원형이며 기부는 짧은 초로 되지만 윗부분의 2~3개는 넓은 선형으로 작아지고 끝이 날카롭다. 포는 선상 피침형으로 꽃보다 약간 길며 끝이 뾰족하다. 꽃은 백색으로 5월 하순~7월 상순에 길이 10~20cm의 수상 화서에 빽빽이 달리며 향기가 있다.

* 종소명 '*japonica*'는 타입 표본의 산지를 나타내는 '일본산'을 뜻하며, 국명은 꽃 모양이 갈매기를 연상시키는 데서 유래한다.

분포 제주의 다소 난대의 낙엽수림대, 전남(지리산·대둔산·불갑산), 경남(가야산) 등지에 소수가 자생한다. 일본, 중국 등지의 온대에 분포하는 동아시아 특산의 남방계 식물이다.

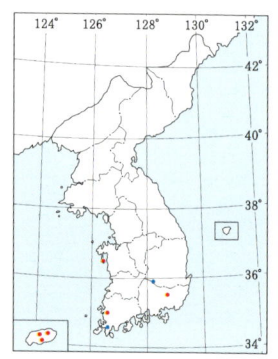

1 2 3 4 **5 6 7** 8 9 10 11 12

양지바른 풀밭에서 자생 1993. 5. 28. 제주 북제주 (김수남) ▶

강한 햇볕에 잎이 탄다. 1993. 6. 14. 제주 견월악

◀ 꽃 모양이 갈매기를 연상시킨다. 1995. 5. 24. 제주 북제주

갈매기난초 군락 1993. 5. 28. 제주 북제주

흰제비란

Platanthera hologlottis Maximowicz
= ***Limnorchis hologlottis*** (Maximowicz) Nevski

日 Mizu-chidori(水千鳥)　　　中 密花舌唇蘭

산지의 습지나 양지바른 풀밭에서 자라는 낙엽성 지생종. 뿌리는 다소 비후하며 옆으로 자란다. 줄기는 높이 50~90cm로 직립하고 녹색이며 둥글다. 잎은 5~12개가 호생하고 길이 10~20cm로 밑부분의 4~6개는 대형으로 선상 피침형이며 끝이 날카롭고 기부는 초로 되지만 윗부분의 것은 점차 작아진다. 포는 선상 피침형으로 꽃보다 길거나 짧으며 끝이 뾰족하다. 꽃은 백색으로 6월 하순~8월 상순에 길이 10~20cm의 수상 화서에 빽빽이 달리며 향기가 있다. 백두산의 저지대에 분포하는 종은 대형종이다.

* 종소명 'hologlottis'는 그리스 어 '전체(holo)'와 '혀(glossa)'의 합성어로 순판이 특별히 눈에 띄는 데서 유래하고, 국명은 꽃의 모양이 '제비난초'와 비슷하고 꽃의 색이 백색인 데 연유한다.

🌱 **분 포** 제주(한라산 해발 1000m 이상) 및 남부(전남·경남·경북)·중부(경기·강원)·북부(평북·함북) 지방 등지에 소수가 자생한다. 일본, 중국, 우수리, 아무르, 동시베리아, 남쿠릴 열도 등지의 냉·습대에 분포하는 동아시아 특산의 북방계 식물이다.

① ② ③ ④ ⑤ **⑥ ⑦ ⑧** ⑨ ⑩ ⑪ ⑫

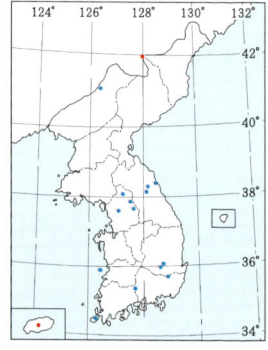

양지바른 풀밭에서 자생 1991. 7. 23. 제주 천백고지 ▶

꽃이 수상 화서에 빽빽이 달린다. 1994. 7. 25. 제주 천백고지

백색 꽃이 핀다. 1994. 7. 25. 제주 천백고지 ►

지하경이 옆으로 벋어 군생한다. 1995. 8. 4. 제주 천백고지

난초아과 ORCHIDIOIDEAE

애기무엽란족 Neottiae

으름난초속 / 천마속 / 무엽란속 / 애기무엽란속 /
애기천마속 / 큰방울새란속 / 쌍잎난초속 / 타래난초속 /
닭의난초속 / 은대난초속 / 사철란속 / 백운란속

금난초의 구조

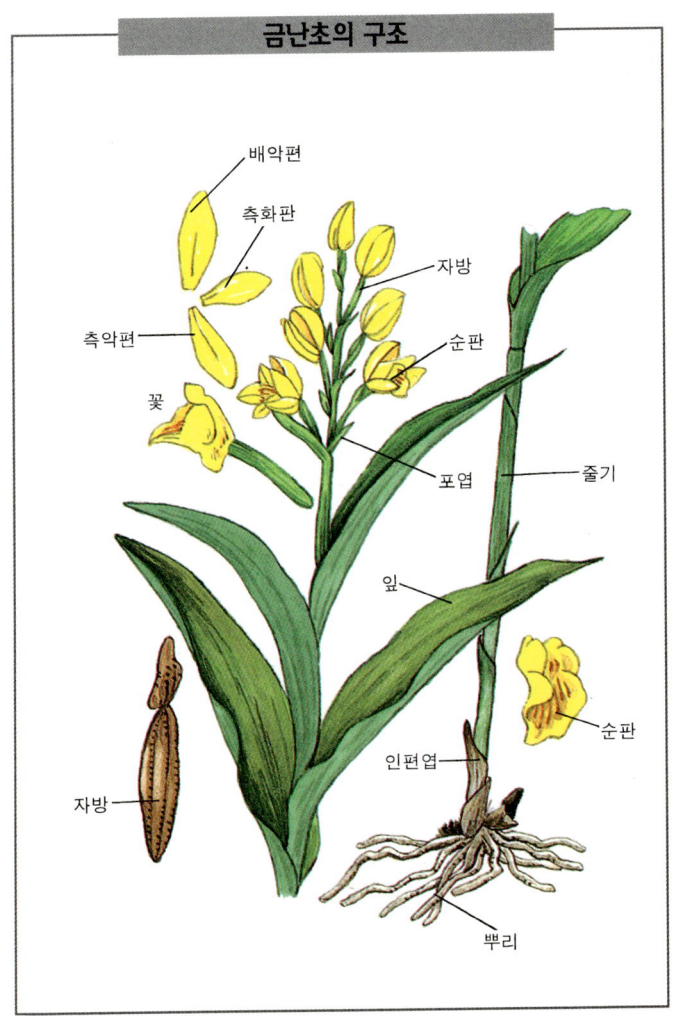

으름난초 (개천마)

Galeola septentrionalis Reichenbach fil.
日 Tsuchi-akebi (土通草)

낙엽수림 밑의 썩은 식물체에 기생하여 자라는 무엽성(無葉性) 부생종(腐生種). 지하경(地下莖)은 인편이 있고 굵고 길게 옆으로 벋으며, 뿌리 속에 균사(菌絲)가 들어 있다. 줄기는 높이 40~90cm로 직립하고 육질이며 단단하고 갈색의 짧은 털이 있으며 한국산으로는 드물게 분지(分枝)한다. 잎은 인편엽 모양의 삼각형으로 뒷면이 부풀고 마르면 혁질(革質)로 된다. 꽃은 황갈색으로 6월 하순~7월 하순에 복총상 화서를 이루어 원추상으로 반쯤 벌어지며, 자방과 악편 뒷면에 짧은 갈색 털이 있다. 환경부에서 특정 야생 식물 제 43호로 지정, 보호하고 있다.

* 종소명 '*septentrionalis*'는 라틴 어 '북방의'의 뜻으로 '으름난초속' 가운데 가장 북쪽 지방에 자생하는 데서 유래하며, 국명은 성숙한 열매의 형상이 으름과 비슷한 데서 붙여졌으나 열매의 빛깔이 붉은색이므로 으름보다는 고추에 더 가깝다.

분 포 제주 고유 분포종으로 제주 한라산 해발 1000m 이하의 낙엽수림대에 소수가 자생한다. 일본에 국한하여 희귀하게 분포하는 동아시아 특산의 대표적인 남방계 식물이다.

낙엽수림 밑에서 자생 1993. 6. 28. 제주 선돌

자방이 고추를 연상시킨다. 1993. 8. 29. 제주 논고악

◀ 지하경이 연결되어 군생하기도 한다.
1993. 7. 21. 제주 한대오름 (김수남)

썩은 식물체에 기생한다. 1993. 7. 21. 제주 한대오름

천마

Gastrodia elata Blume

日 Oni-no-yagara(鬼之矢柄)   中 天麻, 赤箭

참나무나 밤나무의 부식질이 많은 숲 속에서 썩은 식물체에 기생하여 자라는 무엽성 부생종. 지하에 있는 타원형으로 된 감자 모양의 괴경(塊莖)은 길이 7~15cm로 매년 바뀌며 속에 균사가 들어 있다. 줄기는 높이 60~100cm로 직립하고 원기둥 모양이며 적갈색을 띤 황색이다. 인편엽은 막질로 다수 있는데 밑부분의 것은 짧은 초상이다. 포는 길이 0.7~1.2cm로 피침형이며 막질이고 담갈색이다. 꽃은 황갈색으로 6월 중순~8월 중순에 길이 10~30cm의 총상 화서에 항아리 모양으로 핀다. 환경부에서 특정 야생 식물 제 30호로 지정, 보호하고 있다.

⊛ 백천마(for. *pallens*) : 줄기의 높이 40~50cm로 짧고 가늘며 녹회색이고, 백색 꽃이 소수 핀다.
⊛ 청천마(for. *viridis*) : 화피편의 끝과 자방 일부가 청록색을 띤다.

* 종소명 '*elata*'는 '장대의 높이'의 뜻으로 이례적으로 높은 화서에 연유하며, 국명은 한자어 '天麻(천마)'에서 유래한다.

❀ 분 포 제주(한라산 해발 1700m 이하) 및 남부·중부·북부(평북·함남·함북) 지방 등 전국 각처에 광범위하게 자생하나 약용으로 채취되어 개체수가 감소하고 있다. 일본, 중국, 타이완, 우수리, 아무르, 동시베리아, 히말라야 등지에 분포하는 북방계 식물이다.

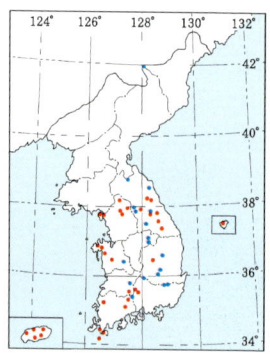

참나무 부식질에 기생한다. 1993. 7. 21. 제주 한대오름

꽃이 항아리 모양이다. 1993. 7. 10. 제주 관음사

⊗ 청천마 1995. 6. 27. 경기 축령산 (김수남)

자방 1993. 8. 12. 제주 한라산

괴경 1993. 8. 12. 제주 한라산

한라천마 [신칭]

Gastrodia verrucosa Blume

🇯🇵 Akizaki-yatsushiroran(秋咲八代蘭), Yatsushiroran(八代蘭)

낙엽수림 밑의 썩은 식물체에 기생하여 자라는 무엽성 부생종. 지하경은 길이 2~3.5cm로 다소 굵고 짧으며 방추상으로 비후한 서양배형이다. 실 모양의 긴 뿌리는 속에 균사가 들어 있고 짧은 세포의 털이 빽빽하게 나 있다. 줄기는 높이 3.5~10cm이며, 인편엽은 수개로 밑부분의 것은 초상이다. 포는 길이 약 0.4cm로 넓은 난형이다. 꽃은 갈색으로 9월 하순~10월 상순에 화경에 2~5개가 다소 밑으로 달려 핀다. 화병(花柄)은 꽃이 핀 후 현저하게 자라 길이 약 50cm에 달한다.

* 종소명 '*verrucosa*'는 라틴 어 '사마귀 같은 돌기가 달린'의 뜻으로 화피편의 표면에 튀어나온 사마귀 같은 돌기에서 유래하며, 국명은 채집지인 한라산의 지명과 같은 속(屬)인 '천마'의 이름을 합성시켜 필자가 명명하였다.

🌱 **분 포** 제주 고유 분포종으로 1993년 10월 제주 한라산 남쪽 해발 500~700m에서 필자가 발견한 미기록종이다. 개체수는 비교적 많으나 분포의 범위가 매우 협소하여 보호가 필요한 종이다. 일본, 말레이시아 등지에 국한하여 분포하는 남방계 식물이다.

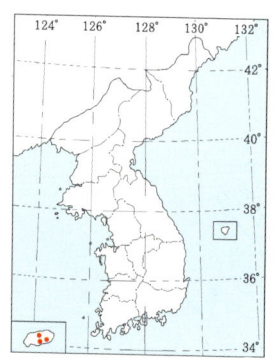

① ② ③ ④ ⑤ ⑥ ⑦ ⑧ **⑨ ⑩** ⑪ ⑫

낙엽수림의 썩은 식물체에 기생한다. 1994. 9. 29. 제주 동수악 ▶

1개의 화경에 4개의 꽃이 피었다. 1998. 9. 3. 제주 동수악

괴경과 뿌리 1995. 9. 30. 제주 동수악

소형으로 눈에 잘 띄지 않는다.
1995. 9. 27. 제주 동수악

결실된 자방 1993. 10. 10. 제주 동수악 (김수남)

무엽란

Lecanorchis japonica Blume
🗾 Muyô-ran(無葉蘭)

상록수림(주로 동백나무)의 음지에서 썩은 식물체에 기생하여 자라는 무엽성 부생종. 한국산 난초 중 '제주무엽란'과 더불어 가장 음지에서 자란다. 지하경은 단단하며 옆으로 벋고 다소 빽빽하게 인편엽이 있다. 줄기는 높이 20~40cm로 직립하며, 수 개의 초상엽은 길이 0.5~0.8cm로 다소 막질이고 끝이 비스듬히 둔하거나 다소 뾰족하고 윗부분의 것은 초가 없는 것도 있다. 포는 길이 0.2~0.4cm로 삼각상 난형이며 끝이 뾰족하다. 꽃은 담황갈색으로 6월 상순~7월 상순에 수개가 총상 화서에 드문드문 달린다. 환경부에서 특정 야생 식물 제 44호로 지정, 보호하고 있다.

* 종소명 '*japonica*'는 타입 표본의 산지를 나타내는 '일본산'을 뜻하며, 국명은 녹색의 잎이 없는 데서 유래한다.

🌱 **분 포** 제주(한라산 해발 600m 이하), 전남 도서(홍도·보길도) 등지에 매우 희귀하게 자생한다. 일본에 국한하여 분포하는 대표적인 동아시아 특산의 남방계 식물이다.

①②③④⑤**⑥⑦**⑧⑨⑩⑪⑫

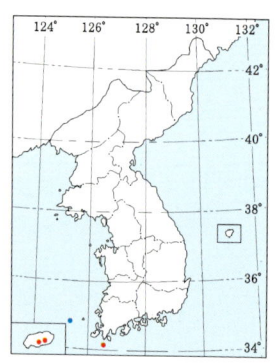

상록수림 밑 음지에서 자생 1993. 6. 26. 제주 수악 ▶

순판에 황색 털이 있다. 1994. 6. 23. 제주 돈내코

자방 1993. 8. 6. 제주 선돌

동백나무 숲의 썩은 식물체에 기생한다. 1993. 6. 26. 제주 수악

제주무엽란 [신칭]

***Lecanorchis kiusiana* Tuyama**

日 Usuki-muyôran (薄黃無葉蘭)

상록수림의 음지에서 썩은 식물체에 기생하여 자라는 무엽성 부생종. 지하경은 '무엽란'보다 굵고 옆으로 벋으며 인편이 있다. 줄기는 높이 10~20cm로 가늘게 직립한다. 수개의 초상엽은 길이 0.2~0.5cm로 다소 막질이고 끝이 비스듬히 둔하거나 다소 뾰족하다. 포는 길이 0.1~0.2cm로 삼각상 난형이며 끝이 뾰족하다. 꽃은 백색으로 6월 중순~7월 상순에 3~7개가 총상화서에 드문드문 달려 반쯤 벌어져 핀다.

* 종소명 '*kiusiana*'는 타입 표본의 산지를 나타내는 '규슈산'의 뜻으로 일본의 '규슈(九州)'에서 채집한 표본을 신종으로 기재하였다. 국명은 녹색의 잎이 없는 '무엽란'과 비슷하며 최초 발견지가 제주도인 데서 필자가 명명하였다.

🌱 **분 포** 제주 고유 분포종으로 1993년 6월 제주의 해발 500m 이하(서귀포 선돌·돈내코)의 일부 지역에 '무엽란'과 같이 매우 희귀하게 자생하는 것이 확인되었다. 일본에 국한하여 분포하는 동아시아 특산의 남방계 식물이다.

①②③④⑤**⑥⑦**⑧⑨⑩⑪⑫

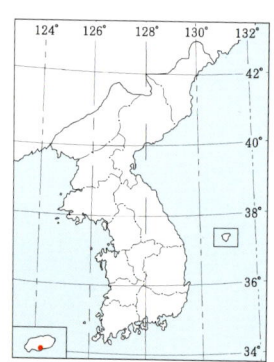

썩은 식물체에 기생한다. 1994. 6. 24. 제주 선돌 ▶

자방 1993. 8. 6. 제주 선돌

◄ 무엽란에 비하여 꽃이 작다. 1993. 6. 28. 제주 선돌

32

애기무엽란속

홍산무엽란

Neottia nidus-avis (Linné) L. C. Richard
var. *mandshurica* Komarov
=*Neottia papiligera* Schlechter

🇯🇵 Sakane-ran(逆根蘭)　　🇬🇧 Bird's-nest, Goose-nest

　아고산의 숲 그늘에서 썩은 식물체에 기생하여 자라는 무엽성 부생종. 근경은 다수가 뭉쳐 나온다. 줄기는 높이 15~45cm로 직립하고 육질이며 지름 0.3~0.5cm이다. 수개의 막질로 된 초상엽은 길이 1.5~4cm로 위쪽에 화서 및 자방과 더불어 갈색의 짧은 털이 있거나 때로 거의 털이 없다. 포는 길이 0.4~0.7cm로 삼각상 피침형~삼각상 난형이며 막질로 된 1개의 맥이 있다. 꽃은 회색을 띤 담황백색으로 6월 상순~7월 상순에 길이 10~15cm의 총상 화서에 다수 달리는데, 기부는 드문드문 달리지만 위쪽은 촘촘히 달린다.

❀ **기본종**(var. *nidus-avis*) : 전체적으로 털이 없다.

* 종소명 '*nidus-avis*'는 라틴 어 '새의 둥지'의 뜻으로 다수의 지하경이 비스듬히 올라간 형태에 연유하며, 국명은 최초 채집지인 평북 강계 대홍산(大紅山)의 지명과 잎이 없는 데서 유래한다.

🌱 **분 포** 함북(백두산), 평북(대홍산) 등 북부 냉대에 매우 희귀하게 자생한다. 일본, 중국, 사할린, 남쿠릴 열도, 우수리, 시베리아, 이란, 스칸디나비아 반도 남부, 영국, 중·서부 유럽, 동유럽 등지에 분포하는 북방계 식물이다.

① ② ③ ④ ⑤ **⑥ ⑦** ⑧ ⑨ ⑩ ⑪ ⑫

침엽수림 밑의 썩은 식물체에 기생한다. 1996. 6. 18. 백두산

애기무엽란

Neottia asiatica Ohwi

🇯 Hime-muyôran(姬之無葉蘭)

아고산의 침엽수림 밑의 이끼 낀 음지에서 썩은 식물체에 기생하여 자라는 무엽성 부생종. 근경은 짧고 다수의 뿌리가 뭉쳐 나온다. 줄기는 높이 10~20cm로 직립하며 황백색~황갈색이고 털이 없다. 3~4개의 초상엽은 길이 2~3cm로 막질이며 맥이 약간 있다. 포는 막질이고 지름 0.3~0.4cm로 난형이며 끝이 뾰족하다. 꽃은 황백색~황갈색, 황록색으로 5월 하순~6월 하순에 길이 5~10cm의 총상 화서에 14~50개가 달린다. 일본산에 비하여 화경에 꽃이 빽빽하게 달리며 꽃의 수도 많다.

* 종소명 '*asiatica*'는 '아시아산'의 뜻으로 분포지가 한국을 비롯한 일본·중국 등 아시아인 데 연유하며, 국명은 '무엽란'이나 '홍산무엽란'에 비하여 전체 크기·화서·꽃 등이 작은 데서 유래한다.

🌱 **분 포** 함남(개마 고원의 차일봉), 함북(백두산·두만강 유역) 등 북부 냉대에 희귀하게 자생한다. 일본, 중국, 우수리, 사할린, 캄차카 반도, 동시베리아 등지의 냉대에 분포하는 동아시아 특산의 북방계 식물이다.

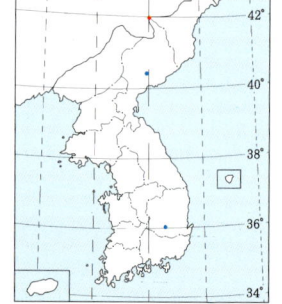

침엽수림 밑의 썩은 식물체에 기생한다. 1996. 6. 21. 백두산 ▶

근경이 뭉쳐 나온다. 1996. 6. 20. 백두산

자방 1994. 7. 20. 백두산

소형의 꽃이 총상 화서로 붙는다. 1996. 6. 21. 백두산

애기천마

Chamaegastrodia sikokiana (Makino) Makino et F. Maekawa
= ***Hetaeria sikokiana*** (Makino) Tuyama
日 Himeno-yagara(姬之矢柄)

산의 숲 그늘에서 썩은 식물체에 기생하여 자라는 소형의 무엽성 부생종. 지하경은 굵고 옆으로 벋어 직각으로 갈라지며 마디에 작은 인편이 있다. 화경은 높이 5~15cm로 직립하고 맥이 있으며, 얇은 막질의 초상엽은 길이 0.4~1cm로 털이 없다. 포는 길이 0.5~0.8cm로 막질이고 난상 장타원형이다. 꽃은 담홍색을 띤 황색으로 7월 중순~8월 중순에 10~20개가 길이 5~10cm의 총상 화서에 달린다.

* 종소명 '*sikokiana*'는 타입 표본의 산지를 나타내는 '시코쿠산'을 뜻하며 일본의 '시코쿠(四國)'에서 채집된 데서 명명하였다. 국명은 겉모양이 '천마'와 비슷하고 전체적으로 소형인 데 연유하지만 '천마'와 유연(類緣) 관계는 멀다.

❦ **분포** 제주(한라산 해발 500~700m)의 낙엽수림대, 전남(백양산), 전북(내장산) 등지에 매우 희귀하게 소수가 자생한다. 일본에 국한하여 분포하는 동아시아 특산의 남방계 식물이다.

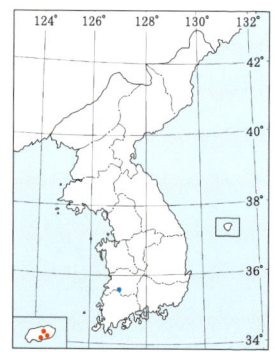

①②③④⑤⑥**⑦⑧**⑨⑩⑪⑫

낙엽수림 밑에서 자생 1992. 7. 30. 제주 동수악 ▶

자방 1993. 8. 25. 제주 돈내코

◀ 꽃이 총상 화서를 이룬다. 1993. 7. 28. 제주 거린사슴

썩은 식물체에 기생한다. 1993. 8. 13. 제주 동수악

큰방울새란

Pogonia japonica Reichenbach fil.

🇯🇵 Toki-sô(朱鷺草)　　🇨🇳 朱蘭

　산의 양지바르고 습한 풀밭에서 자라는 다소 소형의 낙엽성 지생종. 뿌리는 다소 단단하며 가늘고 길게 옆으로 벋는다. 줄기는 높이 15~30cm로 직립한다. 잎은 길이 3~10cm로 황색을 띤 녹색이며 줄기 가운데에 1개가 붙어 다소 직립하고 좁은 장타원형이며 끝이 둔하고 줄기를 감싸며 밑부분은 가늘어져서 날개 모양으로 줄기의 아래를 향하지만 초로 되지 않는다. 포는 길이 2~4cm로 잎 모양이고 1개이며 보통 자방보다 길다. 꽃은 홍자색으로 6월 상순~7월 중순에 줄기 끝에 1개가 달린다.

⊛ **흰큰방울새란**(for. *pallescens*) : 백색 꽃이 핀다.

* 종소명 '*japonica*'는 타입 표본의 산지를 나타내는 '일본산'을 뜻하며, 국명은 '방울새란'에 비하여 전체 크기 · 잎 · 꽃 · 자방 등이 큰 데서 유래한다.

🌱 **분 포**　제주(한라산 해발 1000m 이상)를 비롯한 전국 각처의 '방울새란'보다 다소 냉대 지역에까지 자생한다. 일본, 중국, 남쿠릴 열도, 우수리, 아무르, 동시베리아 등지에 분포하는 동아시아 특산종이다.

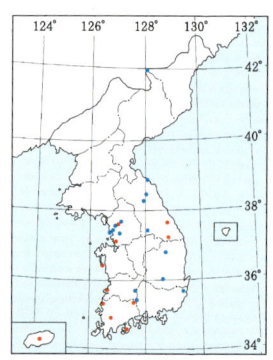

①②③④⑤**⑥⑦**⑧⑨⑩⑪⑫

양지바른 습한 풀밭에서 자생 1993. 6. 27. 제주 천백고지 ▶

꽃이 벌어진다. 1993. 6. 27. 천백고지 (김수남)

◀ 줄기 끝에 1개의 꽃이 달린다. 1992. 6. 22. 제주 천백고지

방울새란

Pogonia minor (Makino) Makino

🇯🇵 Yama-tokisô(山朱鷺草)

산의 다소 양지바른 곳에서 자라는 다소 소형의 낙엽성 지생종. 근경은 옆으로 벋으며 줄기가 나오고, 줄기는 높이 10~25cm로 직립한다. 잎은 길이 3~7cm로 도피침형~좁은 장타원형이며 끝이 뾰족하고 줄기 가운데에 1개가 달려 줄기를 감싼다. 포는 잎 모양으로 소형이며 1개이다. 꽃은 백색 바탕에 담홍자색이 돌며 5월 하순~6월 하순에 줄기 끝에 1(2)개가 반쯤 벌어져 핀다. '큰방울새란'과 비슷하지만 다소 작고 꽃이 조금 벌어지며 드문드문 산생(散生)하는 점이 다르다.

❀ **흰방울새란**(for. *pallescens*) : 백색 꽃이 핀다.

* 종소명 '*minor*'는 라틴 어 '작은(parva)'의 비교급인 '보다 작은'의 뜻으로 일반적으로 '큰방울새란'보다 소형인 데서 유래하며, 국명은 꽃의 색이 '방울새'의 몸빛과 비슷한 데 연유한다.

🌱 **분 포** 제주의 저지대, 전남, 전북, 경북, 충남, 충북, 서울, 경기, 강원 등 전국 각처에 개체 수는 적지만 광범위하게 자란다. 일본, 타이완 등지에 분포하는 동아시아 특산종이다.

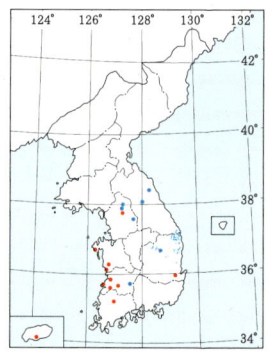

① ② ③ ④ **⑤ ⑥** ⑦ ⑧ ⑨ ⑩ ⑪ ⑫

산지의 다소 양지바른 곳에서 자생 1992. 6. 12. 제주 선돌 ▶

잎·포엽·꽃이 1개씩이다. 1992. 6. 20. 제주 선돌

⑧ 흰방울새란 1991. 6. 15. 경기 칠보산 (오병훈)

자방 1993. 8. 6. 제주 선돌

◀ 꽃이 벌어지지 않는다. 1993. 6. 17. 제주 선돌

177

쌍잎난초

***Listera pinetorum* Lindley**

🇯🇵 Takane-futabaran(高嶺双葉蘭), Chôsen-futabaran (朝鮮双葉蘭)

아고산의 침엽수림 밑에서 자라는 낙엽성 지생종. 뿌리는 수개가 가늘게 옆으로 벋는다. 줄기는 높이 12~20cm로 부드럽고 섬세하며 모서리가 있고 가운데에서 잎이 나오며 그 윗부분에 부드러운 털이 있다. 잎은 2개가 근접한 호생이고 길이 1.5~3cm로 심장형이며 끝이 둔하거나 뾰족하고 3개의 맥이 있다. 포는 길이 0.1~0.2cm로 난상 피침형이다. 꽃은 담녹색을 띤 갈색으로 7월 중순~8월 중순에 원줄기 끝에 5~10개가 총상 화서로 달린다.

* 종소명 '*pinetorum*'은 '소나무 숲의'의 뜻으로 소나무가 자라는 지역에서 분포하는 데 연유하며, 국명은 마주 난 것같이 근접해서 호생하는 2개의 잎에서 유래한다.

🌱 **분 포** 평북(노봉·최가령), 함남(북수백산·영흥), 함북(관모봉·무산·백두산) 등 북부 지방에 소수가 자생한다. 일본, 중국, 우수리, 아무르, 사할린, 남쿠릴 열도, 시베리아, 히말라야, 유럽, 북아메리카 등지의 냉·온대에 분포하는 북방계 식물이다.

① ② ③ ④ ⑤ ⑥ **⑦ ⑧** ⑨ ⑩ ⑪ ⑫

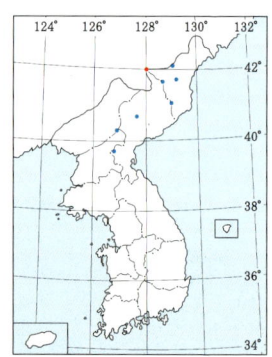

고산의 침엽수림 밑에서 자생 1994. 7. 20. 백두산

자방 1996. 6. 21. 백두산

2개의 잎이 근접된 호생이다. 1996. 8. 2. 백두산

타래난초

Spiranthes sinensis (Persoon) Ames
var. *amoena* (M. Bieberstein) Hara

🇯🇵 Nezi-bana(捩花), Moji-zuri(捩摺) 🇨🇳 綬草

양지바른 들이나 묘지, 둑 등지에서 흔히 자라는 상록 월동성 지생종. 뿌리는 4~5개가 방추상으로 비후하다. 줄기는 높이 10~40(60)cm로 직립하고 원기둥 모양이며 1~3개의 압축된 피침형의 인편엽이 있다. 잎은 비스듬히 올라가고 길이 5~20cm로 선상 피침형~선형이며 끝이 둔하고 기부는 짧은 초로 된다. 포는 길이 0.4~0.8cm로 좁은 난상 피침형이며 끝이 길고 날카롭다. 꽃은 담홍색으로 5월 하순~8월 중순에 나사 모양으로 꼬인 수상 화서를 이루어 옆을 향해 핀다.

⊗ **흰타래난초**(for. *albescens*) : 백색 꽃이 핀다.

* 종소명 '*sinensis*'는 타입 표본의 산지를 나타내는 '중국산'을 뜻하며, 변종소명 '*amoena*'는 '귀여운'의 뜻으로 꽃의 형상에서 유래한다. 국명은 화서가 나사 모양으로 비틀려 꼬인 데 연유하여 붙여졌다.

🌱 **분포** 한반도 전역과 도서, 제주(저지대~해발 1700m) 등지에 광범위하게 자생한다. 일본, 중국, 시베리아, 동남 아시아, 히말라야, 남아시아, 남아메리카(파라과이), 뉴칼레도니아, 오스트레일리아, 뉴질랜드 등 난초과 중 가장 광범위하게 분포한다.

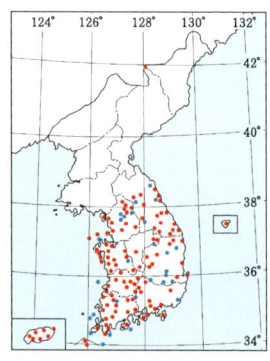

① ② ③ ④ **⑤ ⑥ ⑦ ⑧** ⑨ ⑩ ⑪ ⑫

양지바른 풀밭에서 자생 1996. 7. 28. 경기 의정부 (김수남) ▶

화서가 나사 모양으로 비틀려 꼬인다.
1996. 6. 30. 경북 의성 (김수남)

고지의 종은 왜소하고 색상이 뚜렷하다.
1993. 8. 12. 제주 백록담

◀ 꽃이 수상 화서를 이룬다. 1993. 7. 12. 제주 북제주

타래난초 군락 1993. 6. 13. 제주 상추자도

꽃에 변이가 있다.
1993. 8. 13. 제주 송악산

⊗ 흰타래난초 1993. 6. 27. 제주 남제주

⑧ 흰타래난초 1993. 6. 27. 제주 남제주

닭의난초

Epipactis thunbergii A. Gray
⽇ Kaki-ran(柿蘭)

　산의 양지바르고 습한 곳에서 자라는 낙엽성 지생종. 근경이 옆으로 벋으며 마디에서 뿌리가 수개 나온다. 줄기는 높이 30~70 cm로 직립하고 원기둥 모양이며 기부는 다소 자줏빛을 띠고 3~4개의 초상엽이 있다. 잎은 6~12개가 호생하고 길이 6~13cm로 두터운 육질이고 좁은 난형~넓은 피침형으로 끝이 점차 뾰족해지고 잎맥이 뚜렷하다. 포는 잎 모양이며 꽃보다 짧다. 꽃은 주황색을 띤 갈색으로 6월 중순~7월 하순에 10여 개가 총상 화서를 이루어 한쪽을 향해서 핀다.

* 종소명 'thunbergii'는 'Thunberg의'의 뜻으로 스웨덴의 식물학자 'C. Thunberg'를 기념하여 명명한 것이며, 국명은 꽃의 색이 토종닭 깃털의 색과 비슷한 데서 유래한다.

💐 **분 포** 제주(한라산 해발 1200m 이하)를 비롯한 남부·중부 지방에 분포한다는 기록이 있지만 북부 지방에도 자생한다. 일본, 중국, 우수리 등지에 분포하는 동아시아 특산종이다.

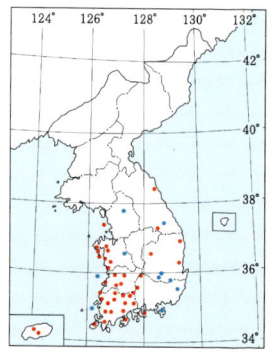

① ② ③ ④ ⑤ **⑥ ⑦** ⑧ ⑨ ⑩ ⑪ ⑫

양지바른 풀밭에서 자생 1993. 7. 15. 제주 천백고지 ▶

꽃이 총상 화서를 이룬다. 1992. 7. 21. 제주 천백고지

자방 1992. 8. 20. 제주 선돌

◀ 꽃의 색이 토종닭 깃털의 색과 비슷하다.
1993. 7. 20. 제주 영실

악편과 화판의 색이 다르다. 1996. 6. 30. 경북 의성 (김수남)

근경이 옆으로 벋어 군생한다. 1993. 6. 6. 전북 김제 (김수남)

청닭의난초

Epipactis papillosa Franchet et Savatier

日 Ao-suzuran(靑鈴蘭), Ezo-suzuran(蝦夷鈴蘭)

숲 속 낙엽수림이나 양지바른 풀밭에서 자라는 낙엽성 지생종. 근경은 짧지만 수개가 옆으로 벋는다. 줄기는 높이 30~70cm로 직립하며 화서와 더불어 꼬불꼬불한 짧은 갈색 털이 있다. 잎은 5~7개가 호생하고 길이 7~12cm로 기부의 1~2개는 초상이며 그 위의 것은 난상 타원형~넓은 피침형으로 끝이 날카롭고 밑부분은 줄기를 감싸고 다소 세로 주름이 있으며 가장자리와 맥 위에 짧은 털 모양의 돌기가 있다. 포는 잎 모양의 피침형으로 꽃보다 길다. 꽃은 담녹색으로 7월 상순~8월 상순에 총상 화서에 한쪽을 향하여 다수 달린다.

* 종소명 '*papillosa*'는 라틴 어 '젖꼭지 모양의 돌기'의 뜻으로 표피 세포가 젖꼭지 모양인 데서 유래하며, 국명은 꽃의 색이 '닭의난초'에 비하여 담녹색인 데 연유한다.

분 포 충북(충주·단양), 강원(삼척·영월·설악산·금강산), 황해(서흥·구월산), 함북(백두산) 등지에 희귀하게 자생한다. 일본, 중국, 우수리, 아무르, 사할린, 쿠릴 열도, 캄차카 반도, 동시베리아 등지의 냉대에 분포하는 동아시아 특산의 북방계 식물이다.

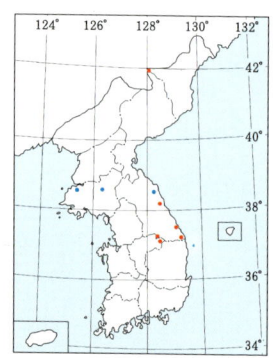

양지바른 풀밭에서 자생 1997. 7. 9. 강원 영월 (김수남)

꽃이 피면서 자방이 맺힌다. 1995. 7. 20. 충북 단양 (김수남)

자방 1991. 8. 4. 강원 설악산 (김수남)

담녹색 꽃이 핀다. ▶
1992. 7. 26. 강원 설악산 (김수남)

금난초

Cephalanthera falcata (Thunberg) Blume
🇯🇵 Kin-ran(金蘭)　　🇨🇳 金蘭

산이나 구릉지의 숲 그늘에서 자라는 낙엽성 지생종. 근경은 짧지만 뿌리는 길게 수개가 옆으로 벋는다. 줄기는 높이 40~70cm로 직립한다. 잎은 6~8개가 호생하고 길이 8~15cm로 장타원상 피침형이며 털이 없고 기부는 줄기를 감싸며 끝이 뾰족하고 다소 세로 주름이 진다. 포는 길이 약 0.2cm로 막질이며 삼각형이다. 꽃은 황색으로 4월 하순~6월 상순에 3~12개가 수상화서에 달리는데 벌어지지 않는다.

⊛ **흰줄금난초**(for. *variegata*) : 잎에 백색 줄이 있다.
⊛ **백금난초**(for. *albescens*) : 백색 꽃이 핀다.

* 종소명 '*falcata*'는 라틴 어 '낫 모양의'의 뜻으로 화판이 굽은 데서 유래하며, 국명은 꽃의 색깔인 황색을 황금색에 비유한 데 연유한다.

💚 **분 포** 제주(한라산 해발 1000m 이하), 인천 도서, 경기(광주), 강원 남부 등 중부 이남에 자생한다. 일본, 중국 등지에 분포하는 동아시아 특산의 다소 남방계 요소를 지닌 식물이다.

①②③④⑤⑥⑦⑧⑨⑩⑪⑫

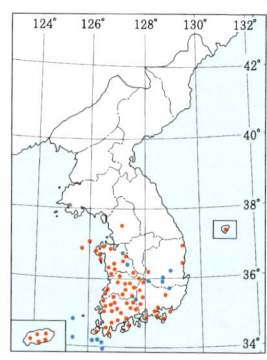

산지의 숲 그늘에서 자생 1992. 5. 16. 제주 동수악 ▶

자방 1993. 7. 28. 제주 돈내코

화판이 활처럼 굽는다. 1992. 5. 16. 제주 동수악

꽃이 수상 화서를 이룬다. 1993. 5. 10. 제주 선돌

꽃이 벌어진다. 1993. 5. 16. 충남 보령 (김수남)

은난초

Cephalanthera erecta (Thunberg) Blume

🇯🇵 Gin-ran(銀蘭)　　　　　　　🇨🇳 銀蘭

산의 숲 그늘에서 자라는 낙엽성 지생종. 뿌리는 다소 짧고 옆으로 벋으며, 근경도 짧다. 줄기는 높이 20(10)~40cm로 직립하고 털이 없다. 잎은 3~6개가 호생하며 길이 3~8.5cm의 좁은 장타원형으로 끝이 뾰족하고 기부가 좁아져서 원줄기를 감싼다. 포는 길이 0.1~0.3cm로 좁은 삼각형이며 때로 아래의 1~2개는 길기도 하지만 대부분 화서보다 짧다. 꽃은 백색으로 4월 하순~6월 상순에 3~10개가 원줄기 끝에 수상 화서로 직립하여 달리지만 벌어지지 않는다.

* 종소명 '*erecta*'는 라틴 어 '직립하다'의 뜻으로 꽃이 수상 화서에 직립하여 달린 모양에서 유래하며, 국명은 꽃의 색깔인 백색을 은색에 비유한 데 연유한다.

❀ 분 포 제주(한라산 해발 1200m 이하), 인천, 경기, 강원 이남 등 '금난초'보다 북쪽인 중부 이남에 자생한다. 일본, 중국 등지의 온대에 분포하는 동아시아 특산종이다.

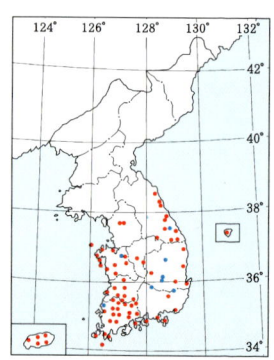

1 2 3 **4 5 6** 7 8 9 10 11 12

숲 그늘에서 자생 1994. 5. 7. 제주 북제주

꽃이 직립하여 달린다.
1996. 6. 6. 강원 함백산 (김수남)

소형종 1991. 5. 20. 경북 울릉도 (김수남)

자방 1991. 1. 26. 강원 삼척 (김수남)

◀ 꽃이 수상 화서를 이룬다. 1994. 5. 7. 제주 북제주

꼬마은난초

Cephalanthera subaphylla Miyabe et Kudo
= *Cephalanthera erecta* (Thunberg) Blume
var. *subaphylla* (Miyabe et Kudo) Ohwi
🇯🇵 Yu-shûnran(祐舜蘭)

숲 그늘의 낙엽수림 밑에서 자라는 낙엽성 지생종이지만 부생종의 형질도 지닌다. 짧은 근경과 다소 끝이 통통한 뿌리 6~10개가 옆으로 벋는다. 줄기는 높이 10~20cm로 직립하고 밑부분은 백색으로 3개의 초상엽이 달리며 윗부분으로 갈수록 점차 녹색을 띤다. 잎은 막질로 윤기가 있고 길이 1.7~3cm이며 끝이 뾰족하고 뚜렷한 소수의 맥이 있다. 포는 난상 피침형이며 아래쪽의 것은 길이 1.2~2cm로 다음 해까지 남는다. 꽃은 백색으로 4월 하순~5월 중순에 줄기 끝에 3~5(6)개가 총상 화서에 반쯤 벌어져 피며, 화경을 감싸는 인편엽은 없다.

* 종소명 '*subaphylla*'는 라틴 어 '거의(sub)'와 '잎이 없는(aphylla)'의 합성어로 초상엽의 형태가 마치 잎이 없는 것처럼 보이는 데서 유래하며, 국명은 '은난초'에 비하여 소형인 데 연유한다.

🌱 **분 포** 제주(한라산 해발 1000m이하), 전북(무주 적상산), 경남(남해도·거제도), 경북(울릉도), 충남(안면도), 경기(광릉) 등지에 매우 희귀하게 자생한다. 일본에 국한하여 분포하는 동아시아 특산종이다.

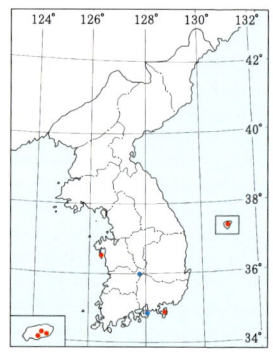

①②③**④⑤**⑥⑦⑧⑨⑩⑪⑫

낙엽수림 밑에서 자생 1993. 5. 8. 제주 성판악 ▶

꽃과 전년도 자방
1993. 5. 6. 제주 성판악

잎이 매우 소형이다. 1993. 5. 8. 제주 성판악

◀ 꽃이 위로 향해서 핀다. 1997. 4. 26. 경기 죽엽산 (김수남)

꼬마은난초 군락 1993. 5. 10. 제주 성판악

은대난초(댓잎은대난초)

Cephalanthera longibracteata Blume

🇯🇵 Sasaba-ginran(笹葉銀蘭)

산의 숲 그늘에서 자라는 낙엽성 지생종. 다수의 뿌리는 다소 단단하고 가늘며, 근경은 짧게 옆으로 벋는다. 줄기는 높이 30~50cm로 직립하고 다소 가늘다. 잎은 6~8개가 호생하고 길이 5~15cm로 좁은 장타원형이며 끝이 뾰족하고 뚜렷한 세로맥이 10여 개 있으며 기부에 초상엽이 있다. 잎의 뒷면과 가장자리·화서·자방 등에 백색의 짧은 털 모양의 돌기가 있다. 포는 선형~넓은 선형으로 아래의 1~2개는 보통 화서보다 길다. 꽃은 백색으로 5월 상순~6월 중순에 총상 화서에 달리며 벌어지지 않는다.

⊛ 회백은대난초(for. *lurida*) : 회백색을 띤 황갈색 꽃이 핀다.

* 종소명 '*longibracteata*'는 라틴 어 '길다(longus)'와 '포엽이 있는(bracteatus)'의 합성어로 화서 가운데 맨 아래의 꽃을 포함한 2~3개가 꽃보다 높이 나오는 녹색의 포엽이 있는 데서 유래하며, 국명은 잎의 단단한 세로맥을 대나무 잎에 비유하여 붙여졌다.

💮 **분 포** 제주(한라산 해발 1300m 이하)를 비롯한 한반도 전역에 '타래난초' 및 '옥잠난초'와 더불어 매우 광범위하게 자생한다. 일본, 중국, 우수리, 사할린, 쿠릴 열도 등지에 분포하는 동아시아 특산의 다소 북방계 식물이다.

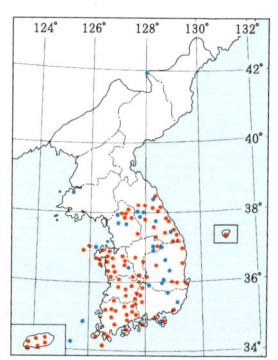

숲 그늘에서 자생 1993. 5. 31. 제주 선돌 ▶

꽃이 총상 화서를 이룬다. 1991. 5. 19. 강원 동해 (김수남)

잎이 대나무 잎과 흡사하다.
1993. 5. 31. 제주 선돌

화경 하부에 포엽이 발달한다.
1993. 5. 16. 충남 보령 (김수남)

김의난초 〔신칭〕

Cephalanthera longifolia (Hudson) Fritsch
中 長葉頭蕊蘭

산의 다소 양지바른 풀밭에서 자라는 낙엽성 지생종. 다소 단단한 뿌리가 다수 있고, 근경은 짧게 옆으로 벋는다. 줄기는 높이 50~70cm로 직립하며 다소 가늘다. 잎은 4~7개가 호생하고 길이 8~15cm이며 피침형~난상 피침형으로 끝이 뾰족하고 뚜렷한 세로맥이 있으며 기부는 초상이다. 포는 선형~넓은 선형으로 아랫부분의 것 1개는 꽃보다 길고 윗부분의 것은 왜소하여 자방보다 짧다. 꽃은 백색으로 4월 하순~5월 중순에 수십 개가 총상 화서에 달리며 다소 벌어진다. '은대난초'에 비하여 줄기가 윤기가 있고 잎이 줄기를 감싸며 말리는 점이 다르다.

* 종소명 '*longifolia*'는 라틴 어 '길다(longus)'와 '잎(folia)'의 합성어로 긴 잎에서 유래하며, 국명은 강원도 삼척 김씨 시조 묘에서 발견한 데서 필자가 명명하였다.

분 포 강원(삼척)의 일부 지역에 극히 희귀하게 자생한다. 중국(윈난 서북부·쓰촨 서부·간쑤·산시·허난·티베트), 네팔, 아프가니스탄, 중앙 아시아, 북아프리카, 유럽에까지 광범위하게 자생한다.

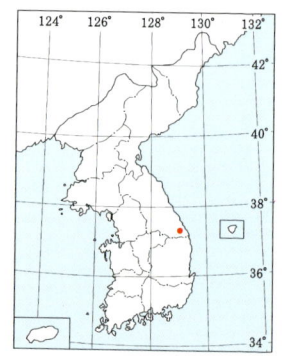

1 2 3 **4 5** 6 7 8 9 10 11 12

다소 양지바른 곳에서 자생 1992. 5. 3. 강원 삼척 (김수남) ▶

잎에 뚜렷한 세로맥이 있다. 1993. 5. 3. 강원 삼척 (김수남)

◀ 꽃이 총상 화서를 이룬다. 1992. 5. 3. 강원 삼척 (김수남)

섬사철란(산닭의난초)

Goodyera maximowicziana Makino
= *Goodyera foliosa* (Lindley) Bentham
var. *maximowicziana* (Makino) F. Maekawa
日 Akebono-shusuran(曙繻子蘭)

산의 숲 그늘에서 자라는 소형의 상록성 지생종. 뿌리는 짧고 끈 모양으로 굵다. 줄기는 높이 5~10(15)cm로 기부가 지표 가까이 있으며 윗부분은 비스듬히 올라가고 전체에 털이 없다. 잎은 4~5개가 호생하며 길이 2~4cm로 무늬가 없고 다소 육질이며 타원형~난상 타원형으로 끝이 뾰족하고 가장자리가 다소 주름이 지며 길이 약 1cm의 엽병이 있다. 포는 길이 0.7~1.5cm로 다소 직립하고 털이 없으며 피침형이고 끝이 날카롭다. 화경은 길이 2~4cm로 직립하고 털이 있으며 한쪽을 향한다. 꽃은 담홍자색으로 9월 상순~10월 중순에 3~7개가 수상 화서에 달린다.

⊛ 흰섬사철란(for. *alba*) : 백색 꽃이 핀다.

* 종소명 '*maximowicziana*'는 'Maximowicz의'의 뜻으로 제정 러시아의 식물학자 'C. Maximowicz'를 기념하여 명명한 것이며, 국명은 자생지가 섬이고 '사철란'의 종류인 데 연유한다.

🌱 **분 포** 제주(한라산 해발 1400m 이하), 전남(소흑산도·홍도) 등 남해 도서 일부와 경북(울릉도)에 희귀하게 자생하나 제주에는 비교적 개체수가 많다. 일본, 남쿠릴 열도, 중국, 타이완, 미얀마, 히말라야 등지에 분포하는 남방계 식물이다.

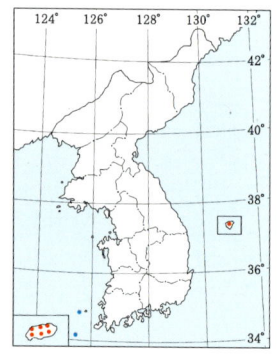

숲 그늘에서 자생 1994. 9. 15. 제주 동수악

잎 가장자리가 주름이 진다. 1993. 10. 10. 제주 논고악

⑧ 흰섬사철란 1994. 9. 15. 제주 돈내코

⑧ 흰섬사철란 군락 1994. 9. 18. 제주 선돌

애기사철란 (산알룩난초)

Goodyera repens (Linné) R. Brown
🇯🇵 Hime-miyamauzura(姬深山鶉)　🇨🇳 小斑葉蘭
🇬🇧 Adder's-tongue, Rattlesnake-plantain, Dwarf lattice-leaf

　고산의 침엽수림 밑에서 자라는 다소 소형의 상록성 지생종. 근경은 짧고 크며 다수의 가는 뿌리가 있다. 줄기는 높이 10~20cm로 직립하고 기부는 짧게 벋으며 윗부분의 화경·포·자방 등에 갈색의 꼬부라진 털이 있다. 잎은 길이 1~3cm로 수개가 줄기의 밑부분에 모여 달리고 난형~좁은 난형으로 끝이 다소 둔하며 길이 1cm 내외의 엽병이 있다. 포는 피침형으로 끝이 날카롭고 자방에 달라붙으며 꽃보다 길다. 꽃은 백색 바탕에 갈색을 띠며 7월 중순~8월 중순에 5~12개가 한쪽으로 치우친 수상 화서에 달린다.

* 종소명 '*repens*'는 '기어가는'의 뜻으로 지하로 기는 줄기 끝에 화경이 직립하거나 비스듬히 올라가는 줄기가 벋는 데서 유래하며, 국명은 '사철란'보다 소형인 데 연유한다.

✿ 분 포　제주(한라산 해발 1600m 이상), 전남, 경남, 강원(설악산·금강산), 평북(묘향산), 함북(백두산) 등지의 고산에 소수가 자생한다. 일본, 중국, 시베리아, 히말라야, 중앙 아시아, 북아프리카, 유럽, 북아메리카 등지에 분포하는 북방계 식물이다.

①②③④⑤⑥**⑦⑧**⑨⑩⑪⑫

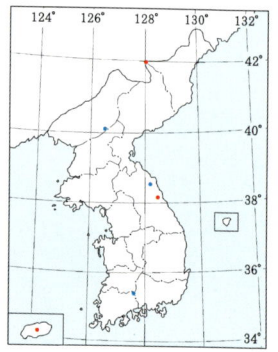

고산의 침엽수림 밑에서 자생 1993. 8. 9. 제주 한라산

꽃이 수상 화서를 이룬다. 1993. 8. 9. 제주 한라산

꽃과 전년도 자방 1996. 8. 2. 백두산

한국사철란〔신칭〕

***Goodyera coreana* S. Kim**

낙엽수림 밑의 다소 습한 곳에서 자라는 상록성 지생종. 근경은 없으며, 길이 1~2cm의 가는 뿌리가 수개 있다. 줄기는 높이 20~40cm로 화경 모양이며 직립한다. 잎은 길이 3~5cm, 너비 1~2cm로 4~8개가 줄기의 하부에 로제트 형으로 모여 나고 난형~광타원형이며 끝이 뾰족하고 담녹색으로 된 2차의 잎맥이 뚜렷하다. 포는 녹색의 피침형으로 끝이 날카롭게 뾰족하며 자방과 길이가 비슷하다. 꽃은 갈색 바탕에 백색을 띠고 7월에 10~24개가 한쪽으로 치우친 수상 화서에 달리며, 화경·포·자방 등에 백색 털이 있다.

* 종소명 '*coreana*'는 '한국산'의 뜻으로 한국의 중·남부에 자생하는 한국 특산종인 데서 필자가 신종(新種)으로 명명하였으며, 국명은 한국에 자생하는 '사철란'이라는 뜻에서 필자가 명명하였다.

분 포 경북(주흘산), 전북(변산 반도), 충북(월악산), 인천(옹진 울도·대청도), 경기(남양주 소리봉·천마산·포천 산정 호수), 서울(북한산·도봉산·불암산) 등지에 소수가 자생하며, 북부 지방에도 상당수 분포할 것으로 추정된다.

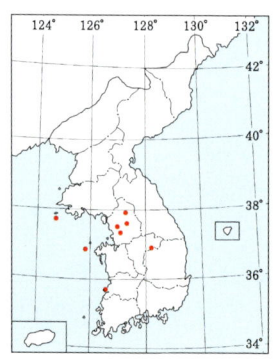

① ② ③ ④ ⑤ ⑥ **⑦** ⑧ ⑨ ⑩ ⑪ ⑫

Orchis coreana perennis

Goodyera coreana S. Kim

⟨Proprietas⟩

Orchis coreana perennis est species terrena semper viridis in loco aliquid humido sub silva arboris folii, et habet aliquid deciduas radices circa 1~2cm longas sine rhizomate. Truncus est erectus in forma scapi, et sua altitudo est 20~40cm. Circa 4~8 folia crescent dense sub trunco in forma roseta, ovata et in forma rotunda late et longe. Longitudo folii est 3~5cm, et sua latitudo est 1~2cm acuta, et folia habent secundarias clares venas et crasse virides. Flor habet colorem album in ratione fusca, et circa 10~24 flores sunt in inaequali cuspide, et in scapo, in bractea et in ovario ect sunt villores albi. Bractea est in forma apicis lanceae viridis et acuminatae, et sua longitudo est eadem cum ovario. Sepalum est cum villoribus triangulum et ovatum, et sua longitudo est 0.2~0.4cm, et habet colorem album cum crasse fusco, et in media parte existit linea fusca vel linea crasse viridis. Petalum est album ut forma oblancealata in centro sepali. Labellum est longum idem atque sepalum, et suum centrum est cavum sine villoribus. Columna folii est brevis et circa 0.35cm longa. Atherus est late ovatus, et pollinium est flavum, atqui ovarium est latum et longe rotundum, et habet 3 cellas.

⟨Distributio⟩

Alcuni individuali distribunt comapative late in Kyongbook (Joo heul-san), Jeonbook (Byonsan-bando), Tchungbook (Wolak-san), Intcheon (Ongjin UI-do · Daitcheong-do), Kyongki (Namyangju Sori-bong · Tcheonma-san · Potcheon Sanjeong-hosu), Seoul (Bookhan-san · Dobong-san · Bulam-san) etc.

Atqui creditur ut species purae inter orchites perennes distribunt plerique in regione septentrionali.

꽃이 수상 화서를 이룬다. 1994. 7. 15. 서울 불암산 (김수남)

◀ 낙엽수림 밑에서 자생 1996. 7. 13. 경기 포천

자방 1992. 1. 10. 인천 울도 (김수남)

꽃이 한쪽으로 치우쳐 핀다. 1996. 7. 13. 경기 포천

자주사철란 (털사철란)

Goodyera velutina **Maximowicz**

日 Shusu-ran(繻子蘭)　　　中 絨葉斑葉蘭

숲 그늘에서 자라는 다소 소형의 상록성 지생종. 줄기는 높이 10~20cm로 자갈색이며 길게 땅 위를 기는데 마디마다 가는 뿌리가 나오고 끝은 실 모양이다. 잎은 4~5개가 호생하고 길이 2~4cm로 긴 난형이며 끝이 뾰족하고 진한 자녹색이며 우단 같은 윤기가 있고 가운데에 담홍색 또는 백색 줄이 있다. 포는 길이 0.6~1.2 cm로 선상 피침형이며 끝이 길고 날카롭다. 꽃은 붉은빛을 띤 담갈색으로 8월 하순~9월 중순에 4~10개가 길이 약 10cm의 한쪽으로 치우친 총상 화서에 다소 드문드문 달린다. 화서는 자방과 더불어 백색의 짧은 털이 있다.

⊛ **흰자주사철란**(for. *albiflora*) : 화경과 포엽이 녹색이고, 담녹색의 중륵이 있으며, 백색 꽃이 핀다.

* 종소명 '*velutina*'는 '우단 모양의' 또는 '융 모양의'의 뜻으로 잎의 표면이 우단이나 융 모양인 데서 유래하며, 국명은 상록성의 잎이 자녹색이고 꽃의 색이 붉은빛을 띤 담갈색인 데 연유하여 붙여졌다.

🌿 **분 포**　제주(한라산 해발 1100m 이하), 남해안 도서 등 일부 남부 지역에 국한하여 희귀하게 자생한다. 일본, 중국, 타이완 등지에 분포하는 동아시아 특산의 남방계 식물이다.

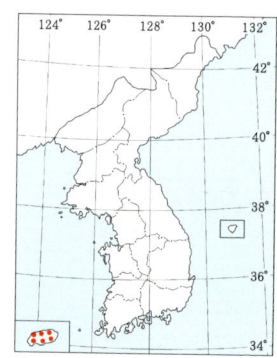

숲 그늘에서 자생 1993. 8. 29. 제주 선돌

성숙된 자방 1993. 11. 13. 제주 거린사슴 (김수남)

◀ 꽃이 총상 화서를 이룬다. 1993. 8. 29. 제주 선돌

자주사철란 군락 1993. 8. 29. 제주 선돌

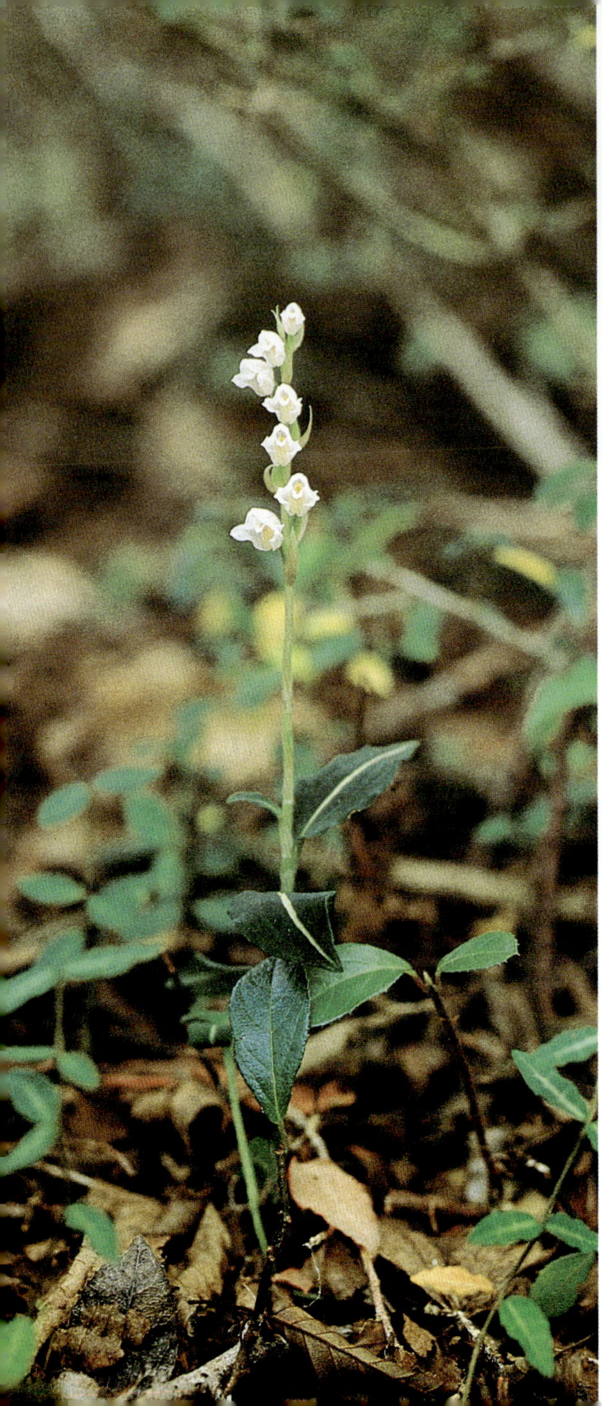

⊗ 흰자주사철란 1993. 8. 29.
제주 돈내코 (김수남)

㊸ 흰자주사철란 군락 1993. 8. 29. 제주 돈내코

줄무늬사철란 [신칭]

Goodyera × ***chejuensis*** S. Kim

 침엽수림(삼나무)과 낙엽수림이 혼생하는 지역에서 자라는 다소 소형의 상록성 지생종. 뿌리는 끈 모양으로 굵고 짧다. 줄기는 높이 10~20cm로 기부가 길게 옆으로 벋으며 녹적색이다. 잎은 3~4개가 호생하고 길이 2~4cm, 너비 1~2.3cm로 난형~타원형이고 끝이 뾰족하거나 둔하며 길이 약 1cm의 엽병이 줄기를 감싸고 중륵은 녹황색을 띠며 그물 무늬가 명료하고 6개의 세로줄이 있으며 뒷면은 자녹색을 띤다. 포는 길이 1.1~1.5cm로 4~6개가 직립하고 자방에 접하며 피침형~좁은 피침형으로 끝이 날카롭게 뾰족하고 적색이다. 화경은 적색으로 직립하며 털이 있다. 꽃은 담홍색으로 8월 하순~9월 상순에 화경의 중부 위에 10여 개가 길이 1~1.2cm의 수상 화서로 달리고, 화병·자방·악편 등에 꼬불꼬불한 털이 있다.

* 종소명 '*chejuensis*'는 '제주산'의 뜻으로 제주에서 최초로 발견된 신교잡종으로 필자가 명명하였다. 국명은 상록성의 잎에 그물 모양의 뚜렷한 줄무늬가 있는 데서 유래한다.

🌱 **분 포** 1994년 9월 제주(한라산 해발 600m 이하)의 '자주사철란'과 '붉은사철란'이 혼생한 지역에서 필자가 발견한 신교잡종이다. 제주(제주·서귀포·동남제주) 일원에 매우 희귀하게 분포하며 무분별한 채취로 멸종 위기에 있어 보호해야 할 종이다.

① ② ③ ④ ⑤ ⑥ ⑦ **⑧ ⑨** ⑩ ⑪ ⑫

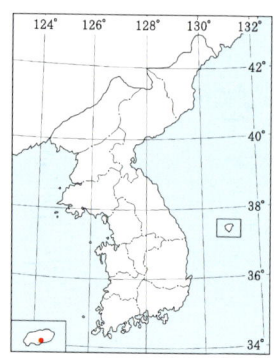

Orchis linearia perennis Chejuensis

Goodyera × *chejuensis* S. Kim

⟨Proprietas⟩

Orchis linearia perennis Chejuensis semper viridis in loco mixto inter silvam arboris acuti folii et silvam arboris decidui folii. Radix est per modum funiculi crassa sed brevis. Caulis sua pars subta extendit longe et ad laterem, et sua pars supra ascendit ad obliquitatem. Sua altitudo est 10~20cm. Color caulis est viridis-ruber. Falia sunt 3~4cm lata et acuta-obtusa. Vena folii in centro est viridis-flava in modo clarae retae figurae, et 6 lineae sunt ad perpendiculum. Pars adversa folii est inanthinua-viridis, et circa 1cm petiola prehendit caulem. 4~6 Bracteae rectae continent ovario in modo lanceolato-anguste-lanceolato, et longitudo est 1.1~1.5cm in forma acuminata. Scapus est ruber, erectus et villus in inaequali cuspide. Flor est luridus rosa-coloratus, et 10 flores haerent super centrum superum scapi, et sua longitudo est 1~1.2cm, et habet villos flexuosos in culmo floris, in ovario et in bractea etc.

⟨Distributio⟩

Orchis linearia perennis inventa est infra 600m Halla-san in menes 9, anno 1994 in Chejudo, i'd. in Cheju, in Seoguipo et in aria inter meridiem et solis ortum rarissime distribunt species naturaliter implicata-redimita.

화경과 꽃이 붉은빛을 띤다. 1994. 8. 26. 제주 고근산

꽃이 졌으나 자방이 맺히지 않았다.
1994. 9. 24. 제주 고근산

◀ 삼나무와 낙엽수림이 섞인
  곳에서 자생 1995. 9. 4. 제주 고근산

사철란(알룩난초)

Goodyera schlechtendaliana Reichenbach fil.

日 Miyama-uzura(深山鶉)　　中 大斑葉蘭

산의 다소 건조한 숲 속에서 자라는 다소 소형의 상록성 지생종. 줄기는 높이 12(10)~25cm로 녹백색이고 육질이며 옆으로 벋고 끝은 직립하며 기부 각 마디에서 가는 뿌리가 나온다. 잎은 길이 2~4cm로 좁은 난형이며 다소 두꺼운 육질로 수개가 줄기 아래에 모여 있으며 보통 짙은 녹색 바탕에 백색 반점이 있고 끝이 뾰족하며 기부에 길이 1~2cm의 초상엽이 2~3개 붙는다. 포는 피침형으로 직립하고 자방에 접하며 줄기의 윗부분, 자방과 더불어 털이 있다. 꽃은 백색 바탕에 홍색을 띠며 8월 중순~9월 중순에 7(5)~12(15)개가 한쪽으로 치우친 수상 화서에 달린다. 환경부에서 특정 야생 식물 제 35호로 지정, 보호하고 있다.

⊗ **청사철란**(for. *similis*) : 잎에 백색 반점이 없다.

* 종소명 '*schlechtendaliana*'는 'Schlechtendal의'의 뜻으로 독일의 식물 분류학자 'D. Schlechtendal'을 기념하여 명명한 것이며, 국명은 잎이 사철 푸른 데서 유래한다.

🌱 **분 포**　제주(한라산 해발 1700m 이하), 전남(흑산 군도·돌산도·완도·두륜산), 전북(대둔산), 경북(울릉도), 충남(계룡산·안면도) 등지에 자생한다. 일본, 중국, 타이완, 남쿠릴 열도, 동남 아시아(인도차이나 반도·수마트라), 히말라야 등지에 분포한다.

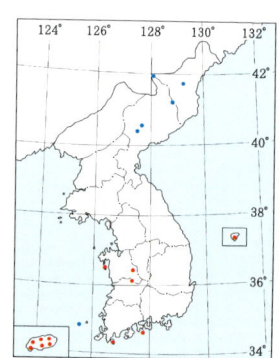

1 2 3 4 5 6 7 **8** **9** 10 11 12

숲 그늘에서 자생 1992. 8. 20. 제주 선돌

⑧ 사철란 군락 1993. 8. 30. 제주 돈내코 (김수남)

⑧ 청사철란 1995. 9. 11. 경북 울릉도

성숙한 자방 1993. 11. 13. 제주 거린사슴 (김수남)

붉은사철란

Goodyera macrantha Maximowicz

🇯🇵 Beni-shusuran(紅繻子蘭)

산의 숲 속에서 자라는 소형의 상록성 지생종. 뿌리는 끈 모양으로 굵고 짧다. 줄기는 높이 4~10cm로 기부가 길게 옆으로 벋으며 윗부분이 비스듬히 올라간다. 잎은 3~4개가 호생하고 길이 2~4cm로 난형~긴 난형이며 끝이 둔하거나 뾰족하고 회록색 바탕에 백색 반점이 있다. 포는 길이 1.5~2cm로 좁은 피침형이며 끝이 길고 날카롭다. 꽃은 희미한 담홍색이고 길이 2.5~3cm로 다소 크고 통 모양이며 7월 하순~8월 중순에 줄기 끝에 2(1)~4(6)개가 달린다. 화경·자방·악편 등에 길고 꼬불꼬불한 털이 있다.

* 종소명 '*macrantha*'는 그리스 어 '큰 꽃의'의 뜻으로 '사철란속' 중에서 가장 큰 꽃이 피는 데서 유래하며, 국명은 상록성의 잎과 '사철란'에 비하여 꽃의 색이 붉은빛을 띠는 데 연유한다. '큰사철란' 또는 '큰꽃사철란'이란 명칭이 이상적이나 관용화된 것이 아쉽다.

🌱 **분 포** 제주(한라산 해발 600m 이하), 남해안 도서(전남 완도) 등지에 희귀하게 자생한다. 일본, 중국, 타이완, 열대 히말라야(서부·네팔) 등지에 분포하는 남방계 식물이다.

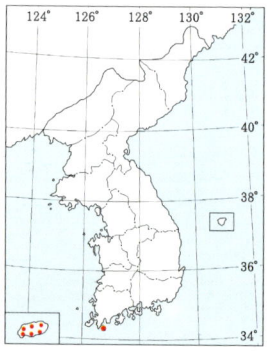

① ② ③ ④ ⑤ ⑥ **7** **8** ⑨ ⑩ ⑪ ⑫

상록수림 밑에서 자생 1994. 8. 3. 제주 비자림 ▶

사철란속 중 꽃이 가장 일찍 핀다. 1993. 8. 12. 제주 동수악

꽃에 털이 많다. 1992. 7. 31. 제주 비자림

자방 1994. 9. 24.
제주 성판악 (김수남)

백운란

***Vexillabium nakaianum* F. Maekawa**

日 Hakuun-ran(白雲蘭)

　산의 숲 그늘에서 자라는 소형의 상록성 지생종. 근경이 옆으로 벋으며 마디에서 뿌리가 내린다. 줄기는 높이 4~13cm로 밑부분이 기거나 그 끝에 선다. 아래쪽에 있는 난원형(卵圓形)으로 된 2~4개의 잎은 길이 0.3~0.7cm로 호생하고 짙은 녹색이며 가장자리가 밋밋하고 끝이 뾰족하며, 엽병은 길이 0.3~0.6cm로 기부가 원줄기를 감싼다. 포는 길이 0.4~0.5cm로 피침형이고 끝이 길며 날카롭고 뒷면에 잔털이 다소 있다. 화경은 길이 5~12cm로 담홍색이며, 꽃은 백색으로 7월 중순~8월 하순에 3~6개가 수상 화서에 달리는데, 아랫부분에 2개의 포가 있고 윗부분에 털이 약간 있다. 환경부에서 특정 야생 식물 제34호로 지정, 보호하고 있다.

⊛ **녹백운란**(for. *viridis*) : 화경과 꽃의 악편이 담녹색을 띤다.

＊ 종소명 '*nakaianum*'은 '나카이의'의 뜻으로 일본의 식물학자 '나카이 다케노신(中井猛之進)'을 기념하여 명명한 것이며, 국명은 최초 채집지인 전남 백운산의 지명을 일본명으로 발표한 것을 인용한 것이다.

🌱 **분 포**　제주(한라산 해발 600~1000m 이내)의 낙엽수림대, 전남(백운산·백양산), 전북(내장산), 경북(울릉도) 등지에 매우 희귀하게 분포한다. 일본에 국한하여 분포하는 동아시아 특산종이다.

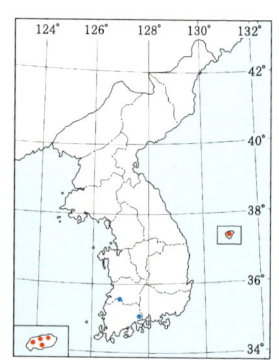

낙엽수림 밑에서 자생 1993. 8. 12. 제주 돈내코

꽃이 수상 화서를 이룬다. 1993. 7. 29. 제주 성판악

자방 1993. 8. 30. 제주 탐라계곡 (김수남)

꽃이 필 때의 근경 1993. 7. 25. 제주 구린굴 (김수남)

순판이 백색이다. 1994. 7. 21. 제주 거린사슴

난초아과 ORCHIDIOIDEAE

난초족 Epidendreae

차걸이란속 / 풍선난초속 / 비비추난초속 / 이삭단엽란속 /
자란속 / 옥잠난초속 / 새우난초속 / 약난초속 /
두잎약난초속 / 감자난초속 / 산호란속 / 흑난초속 /
석곡속 / 보춘화속

자란의 구조

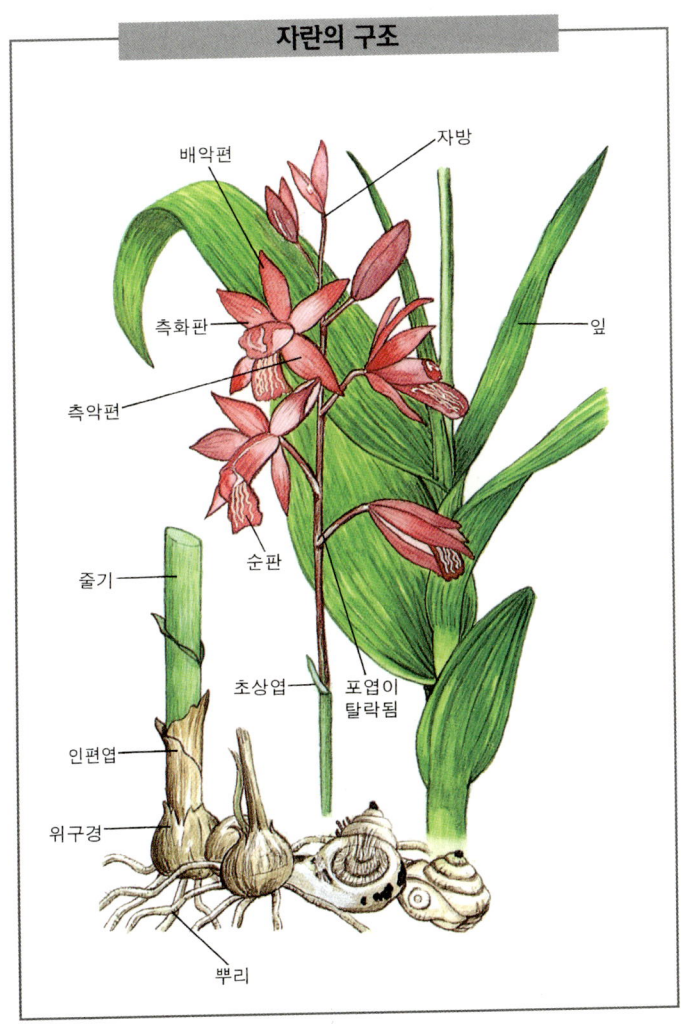

차걸이란(이삭난초)

Oberonia japonica (Maximowicz) Makino
日 Yôraku-ran(瓔珞蘭)

나무나 바위에 붙어서 자라는 소형의 상록성 착생종(着生種). 줄기는 길이 1~4cm로 크고 작은 여러 개체가 다수 뭉쳐서 밑을 향한다. 잎은 4~10개가 좌우로 편평하게 호생하며 길이 1~3cm, 너비 0.2~0.5cm로 다소 육질이고 끝이 급히 뾰족하며 기부가 줄기를 감싼다. 포는 길이 0.05~0.2cm로 삼각형이고 막질이며 끝이 뾰족하게 벌어진다. 화경은 길이 2~8cm로 가늘고 긴 화서를 이루어 밑으로 처진다. 꽃은 담황갈색으로 작고 5월 상순~6월 중순에 줄기 끝에 다수 피며, 길이 1~2cm의 화병(花柄)이 있다.

* 종소명 '*japonica*'는 타입 표본의 산지를 나타내는 '일본산'을 뜻하며, 국명은 꽃의 형태가 자동차의 장식품인 손잡이를 연상시키는 데서 유래한 듯하다. 일본명은 잎의 형태가 영락(瓔珞)과 비슷한 데 연유한다.

❦ **분 포** 제주 고유 분포종으로 제주(한라산 해발 800m 이하)의 난대 지역에 극히 희귀하게 자생한다. 일본, 타이완 등지의 난대에 분포하는 동아시아 특산의 남방계 식물이다.

나무나 바위에 붙어서 자생 1993. 5. 16. 제주 비자림

자방이 맺혀 있다. 1993. 7. 5. 제주 비자림

아래를 향해 자란다. 1992. 5. 16. 제주 비자림

풍선난초

Calypso bulbosa (Linné) Reichenbach fil.
- 日 Hotei-ran(布袋蘭)
- 中 布袋蘭
- 英 Fairy-slipper, Calypso, Cytherea, Pink slipper orchid

고산의 침엽수림 밑의 이끼 낀 음지에서 자라는 상록 월동성 지생종. 위구경(僞球莖)은 좁은 난형 또는 방추상으로 비후하고 끝에서 잎과 화경이 1개씩 나온다. 잎은 길이 2.5~5cm, 너비 1.5~3cm로 난형~난상 타원형이며 끝이 뾰족하거나 둔하고 기부는 둥글며 세로 주름이 있고 보통 가장자리가 물결 모양이며 뒷면은 자주색을 띤다. 포는 길이 1.2~2.5cm로 넓은 선형이며 끝이 뾰족하다. 화경은 높이 6~15cm로 직립하며 기부 가까이 2~3개의 초상엽이 있다. 꽃은 담홍색으로 5월 중순~6월 중순에 줄기 끝에 1개가 대형으로 핀다.

⊛ **흰풍선난초**(for. *albiflora*) : 백색 꽃이 핀다.

* 종소명 '*bulbosa*'는 '인경(鱗莖)을 가진(bulb)'의 뜻이며, 국명은 주머니 모양으로 부푼 꽃의 형태를 풍선에 비유한 데 연유한다.

💐 **분 포** 함남(갑산), 함북(백두산) 등 북부 지방에 매우 희귀하게 자생한다. 일본, 중국, 몽골, 사할린, 오호츠크 해 연안, 우수리, 아무르, 시베리아, 북유럽, 북아메리카(알류샨 열도・알래스카) 등 북반구의 냉・온대에 분포하는 북방계 식물이다.

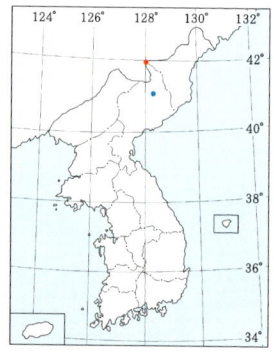

①②③④**⑤⑥**⑦⑧⑨⑩⑪⑫

고산의 침엽수림 밑에서 자생 1996. 6. 21. 백두산 ▶

꽃 모양이 풍선과 흡사하다. 1992. 6. 24. 백두산 (송기엽)

자방 1996. 6. 21. 백두산

◀ 꽃이 1개가 정생한다. 1997. 6. 13. 백두산

비비추난초 (외대난초)

***Tipularia japonica* Matsumura**

🇯🇵 Hitotsu-bokuro(一ッ黒子)

　소나무 숲 속에서 자라는 소형의 상록 월동성 지생종. 구형으로 비후한 위구경에서 1개의 잎과 화경이 나오며 아래에 가는 뿌리가 있다. 잎은 길이 3.5~7cm, 너비 1.5~3cm로 난상 타원형이며 끝이 날카롭고 짙은 녹색으로 윤기가 있으며 중륵이 희고 뒷면은 자주색이며 기부는 심장 비슷한 모양이고, 엽병은 길이 3~7cm이다. 포는 극히 작아 흔적만 있다. 화경은 높이 20~35cm로 가늘게 직립하며 아래에 2~3개의 초상엽이 있다. 꽃은 황록색으로 5월 중순~6월 하순에 5~10(15)개가 총상 화서에 드문드문 달린다.

* 종소명 '*japonica*'는 타입 표본의 산지를 나타내는 '일본산'을 뜻하며, 국명은 최초의 이름이 '비비취난초'로 명명되었고 잎의 형태가 '비비추'를 연상시키는 데서 유래한다.

❀ 분 포　제주(한라산 해발 900m 이하), 전남(대둔산) 등지의 남부 지방과 충남(안면도) 등 일부 중부 지방에 소수가 자생한다. 일본, 중국, 히말라야, 북아메리카 동부 등지에 국한하여 분포하는 희귀한 남방계 식물이다.

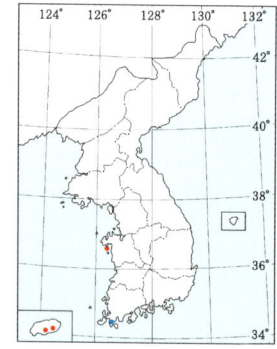

①②③④**⑤⑥**⑦⑧⑨⑩⑪⑫

소나무 숲 밑에서 자생 1994. 5. 30. 제주 돈내코 ▶

꽃이 총상 화서를 이룬다. 1993. 5. 31. 제주 돈내코

자방 1994. 7. 21.
제주 거린사슴 (김수남)

◀ 꽃이 매우 소형이다.
1993. 5. 31. 제주 돈내코

이삭단엽란

Malaxis monophyllos (Linné) Swartz
=***Microstylis monophyllos*** (Linné) Lindley

日 Hozaki-ichiyôran(穗咲一葉蘭)
中 沼蘭
英 Adder's-mouth

고산의 숲 그늘에서 자라는 낙엽성 지생종. 위구경은 난형으로 비후하며 마른 잎의 엽초(葉鞘)로 싸여 지상에 나온다. 잎은 길이 4~8cm, 너비 2~5cm로 황록색이고 넓은 난형~타원형이며 부드럽고 끝이 둔하며 기부는 다소 넓은 초상의 엽병으로 되어 화경을 감싼다. 잎은 보통 1개이나 2개인 것도 있다. 포는 길이 0.1~0.2cm로 삼각상 피침형이고 끝이 뾰족하다. 화경은 높이 15~35cm로 직립하며, 꽃은 담황록색으로 7월 중순~8월 상순에 길이 10~17cm의 총상 화서에 다수 달린다.

⊛ **이삭쌍엽란**(var. *diphylla*) : 잎이 2개이다.

* 종소명 '*monophyllos*'는 라틴 어 '1개(mono)'와 '잎(phyll)'의 합성어로 대부분이 1개의 잎을 가진 데서 유래하며, 국명은 잎이 1개이고 화서에 빽빽하게 붙은 꽃을 이삭에 비유하여 붙여졌다.

분 포 제주(한라산), 강원(태백산·함백산·가리산·설악산·금강산), 북부 고산(묘향산·낭림산·백두산·관모봉·설령) 등지에 자생한다. 일본, 중국, 타이완, 사할린, 시베리아, 히말라야, 유럽, 북아메리카 등 북반구의 냉대에 분포하는 북방계 식물이다.

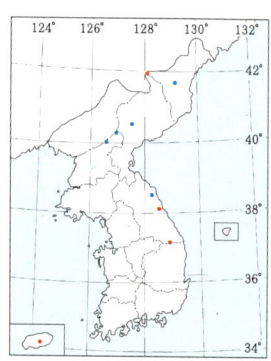

고산의 숲 그늘에서 자생 1993. 7. 24. 강원 함백산 ▶

잎이 1개인 이삭단엽란 1996. 8. 3. 백두산

자방 1994. 8. 15.
강원 함백산 (김수남)

⑱ 잎이 2개인 이삭쌍엽란 1991. 7. 15. 제주 한라산

자란

Bletilla striata (Thunberg) Reichenbach fil.
🇯 Shi-ran(紫蘭)　　　　🇨 白芨

바닷가에 가까운 야산의 풀밭에서 자라는 낙엽성 지생종. 위구경은 지름 2~4cm로 육질이고 다소 편평한 원형이며 옆으로 연결되고 속은 백색이다. 잎은 기부의 5~6개가 호생하며 길이 15~30cm, 너비 1~5cm로 장타원형~피침형이며 세로 주름이 있고 끝이 뾰족하다. 포는 홍자색으로 길이 2~3cm이고 장타원상 피침형이며 꽃이 필 때 1개씩 떨어진다. 화경은 길이 30~70cm로 가늘고 단단하며 잎 사이에서 나온다. 꽃은 다소 대형으로 홍자색이며 5월 중순~6월 상순에 3~7개가 총상 화서에 달린다. 위구경은 '백급(白芨)'이라 하여 한약재로 이용한다.

⊗ **흰줄자란**(for. *albomarginata*) : 잎에 백색 줄이 있다.
⊗ **백화자란**(for. *gebina*) : 백색 꽃이 핀다.

* 종소명 '*striata*'는 라틴 어 '힘줄이 있는'의 뜻으로 잎맥이 뚜렷한 데 연유하며, 국명은 꽃의 색이 홍자색인 데서 유래한다.

❦ **분 포** 전남 해안(해남 토말·대둔산, 강진, 유달산) 및 도서(진도·완도·보길도·횡간도) 지방에 자생하나 멸종 위기에 있어 보호해야 할 종이다. 일본, 중국, 타이완 등지의 난대에 분포하는 동아시아 특산의 남방계 식물이다.

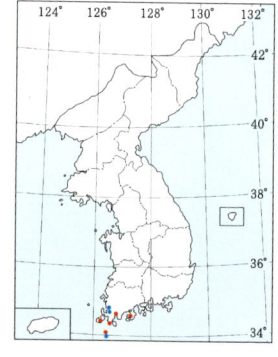

①②③④**⑤⑥**⑦⑧⑨⑩⑪⑫

야산의 양지바른 풀밭에서 자생 1996. 5. 19. 전남 해남 ▶

※ 흰줄자란 1992. 5. 16. 전남 진도 (김수남)

자방 1995. 8. 13.
전남 진도 (김수남)

잎에 세로 주름이 있다. 1996. 5. 19. 전남 해남 (김수남)

자란 군락 1996. 5. 19. 전남 해남 (김수남)

흑난초

Liparis nervosa (Thunberg) Lindley

🇯🇵 Koku-ran(黑蘭)　　🇨🇳 見血靑

저지대의 침엽수림 밑에서 자라는 상록성 지생종. 위구경은 원기둥 모양으로 진한 녹색의 육질이고 직립하며 마디 사이의 길이는 4cm 가량이다. 잎은 2~3개가 호생하고 길이 5~12cm, 너비 2.5~5.5cm로 난형~광타원형이며 끝이 뾰족하다. 포는 길이 0.1~0.2cm로 삼각형으로 벌어지고 막질이며 끝이 뾰족하다. 화경은 높이 20~35cm로 직립하며, 꽃은 흑자색으로 6월 중순 ~7월 하순에 5~15개가 총상 화서에 드문드문 달린다.

⊛ **흰줄흑난초**(for. *albomarginata*) : 잎에 백색 줄이 있다.
⊛ **녹화흑난초**(for. *viridiflora*) : 담녹색 꽃이 핀다.

* 종소명 '*nervosa*'는 라틴 어 '맥이 있는'의 뜻으로 잎의 세로줄이 눈에 띄는 데서 유래하며, 국명은 꽃의 색이 흑자색인 데 연유한다.

💐 **분 포** 제주 고유 분포종으로 제주의 저지대(서귀포 돈내코·영천악, 동남제주 자배봉·토산악·표선·남원)에 희귀하게 자생한다. 일본, 중국, 타이완, 동남 아시아, 히말라야, 아프리카, 남아메리카 등 열대 및 아열대에 분포하는 대표적인 남방계 식물이다.

① ② ③ ④ ⑤ **⑥ ⑦** ⑧ ⑨ ⑩ ⑪ ⑫

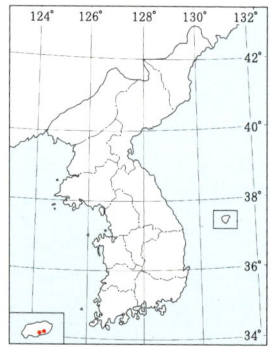

저지대의 침엽수림 밑에서 자생 1997. 6. 23. 제주 남제주 ▶

◀ 옥잠난초속 가운데 유일한 상록성이다. 1993. 7. 12. 제주 남제주

◀ 꽃이 총상 화서를 이룬다. 1994. 7. 15. 제주 영천악

꽃과 전년도 자방 1993. 7. 12. 제주 남제주

⑱ 녹화흑난초 1997. 6. 23. 제주 남제주 ▶

한라옥잠난초〔신칭〕

Liparis auriculata Blume

日 Giboushi-ran(擬宝珠蘭)

 계곡의 낙엽수림 밑 이끼 낀 바위 위에서 자라는 낙엽성 지생종. 위구경은 지름 약 1.5cm로 짧은 난상 구형이며 보통 지상에 나와 마른 엽초로 싸여 있다. 잎은 2개가 지난 해의 위구경에서 나오며 길이 5~12cm, 너비 3~8cm로 세로줄이 있고 넓은 난형~난상 원형이며 끝이 급히 뾰족하고 기부는 다소 둥근 심장 모양이다. 포는 길이 0.2~0.3cm로 피침상 삼각형이며 비스듬히 올라가서 벌어지고 끝이 날카롭다. 화경은 높이 15~30cm로 직립하고 녹색~자주색이다. 꽃은 담황록색으로 7월 중순~7월 하순에 10여 개가 다소 빽빽하게 모여 핀다.

* 종소명 '*auriculata*'는 라틴 어 '귀 모양의'의 뜻으로 잎의 모양이 사람의 귀를 닮은 데 연유하며, 국명은 채집지인 한라산과 전체 모양이 '옥잠난초'를 닮은 데서 필자가 명명하였다.

❀ 분 포 제주 고유 분포종으로 1991년 7월 제주 한라산 해발 1000m 내외에서 필자가 발견한 미기록종이며 극히 희귀하게 자생한다. 일본, 타이완 등지에 분포하는 동아시아 특산의 남방계 식물이다.

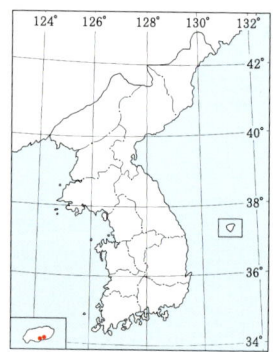

① ② ③ ④ ⑤ ⑥ **7** ⑧ ⑨ ⑩ ⑪ ⑫

낙엽수림 밑 바위에서 자생 1991. 7. 24. 제주 어리목 (김수남) ▶

옥잠난초

Liparis kumokiri F. Maekawa
日 Kumokiri-sô(雲霧草)

　다소 습한 음지의 숲 속에서 자라는 낙엽성 지생종. 위구경은 지름 1~1.5cm로 난상 구형이며 보통 지상에 나와 마른 엽초로 싸여 있다. 잎은 지난 해의 위구경 옆에서 2개가 나오며 길이 5~15cm, 너비 2.5~5(10)cm로 타원형~장타원형이며 끝이 둔하지만 가장자리는 보통 가는 주름이 있고 기부는 좁아져서 엽병으로 옮겨진다. 포는 길이 0.1~0.15cm로 난상 삼각형으로 벌어지며 끝이 뾰족하다. 화경은 높이 15(10)~30cm로 직립하고 모서리에 좁은 날개가 있다. 꽃은 담녹색 또는 자주색으로 5월 중순~7월 중순에 5~16개가 핀다.

⊛ **푸른옥잠난초**(for. *viridis*) : 담녹색 꽃이 핀다.
⊛ **보라옥잠난초**(for. *atronervata*) : 흑자색 꽃이 핀다.

* 종소명 '*kumokiri*'는 일본어 '운절초(雲切草)' 또는 '운산초(雲散草)'를 라틴 어화한 것이며, 국명은 잎의 형태가 '옥잠화'와 비슷한 데 연유한다.

❀ 분 포 제주(한라산)를 비롯한 전국 각처에 다수가 매우 광범위하게 자생한다. 일본, 중국, 남쿠릴 열도 등지의 냉·온대에 분포하는 동아시아 특산종이다.

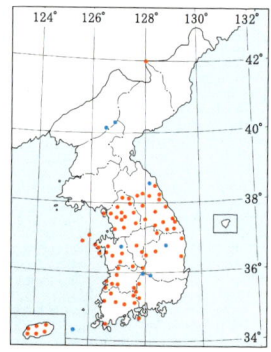

다소 습한 숲 속에서 자생 1993. 5. 31. 제주 동수악 ▶

자방 1993. 8. 30. 제주 견월악 (김수남)

잎 가장자리가 물결 모양이다. 1993. 5. 30. 제주 선돌

㊀ 담자색 꽃이 피는 보라옥잠난초 1993. 6. 27. 제주 어리목

㊀ 흑자색 꽃이 피는 보라옥잠난초 1991. 5. 24. 제주 논고악 ▶

나나벌이난초(나나니난초)

Liparis krameri Franchet et Savatier

日 Jigabachi-sô(似我蜂草)

산림 내의 부식토가 많은 곳에서 자라는 낙엽성 지생종. 위구경은 난상 원형으로 보통 지상에 나와 마른 엽초로 싸여 있으며 녹색이다. 잎은 지난 해의 위구경 옆에서 2개가 나와 근접하게 호생하고 길이 3~10cm, 너비 2~5cm로 광타원형이며 끝이 다소 뾰족하고 기부는 좁아져서 짧은 초로 되며 옆으로 벋는 2차맥이 뚜렷하다. 포는 길이 0.1~0.15cm로 삼각형으로 벌어지고 끝이 뾰족하다. 화경은 높이 8~20cm로 직립하며 모서리에 좁은 날개가 있다. 꽃은 담녹색~흑자색으로 6월 상순~7월 상순에 10~20개가 총상 화서에 달린다.

⊛ **애기나나벌이난초**(var. *shichitoana*) : 잎의 길이 약 3cm, 너비 약 1.5cm로 전체가 소형이며 악편과 순판도 작다.
⊛ **푸른나나벌이난초**(for. *viridis*) : 담녹색 꽃이 핀다.
⊛ **보라나나벌이난초**(for. *atronervata*) : 흑자색 꽃이 핀다.

* 종소명 '*krameri*'는 1870년경 일본에서 식물을 채집한 'Kramer'를 기념하여 명명한 것이며, 국명은 꽃의 형태가 '나나니벌'과 비슷한 데서 유래한다.

🌱 **분 포** 제주(한라산) 및 남부·중부·북부(평남·평북·함남) 지방 등 전국 각처에 개체수는 적으나 광범위하게 자생한다. 일본, 중국 등지의 냉·온대에 분포하는 동아시아 특산종이다.

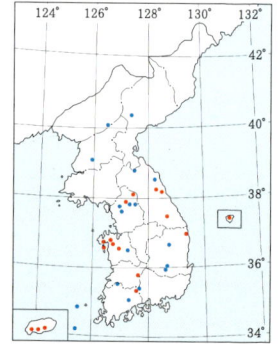

부식질이 많은 숲 속에서 자생 1992. 6. 20. 제주 돈내코

잎에 옆으로 벋는 2차 맥이 뚜렷하다. 1993. 6. 18. 제주 거린사슴

◀ 꽃의 형태가 나나니벌과 흡사하다.
1992. 6. 20. 제주 돈내코

나리난초

Liparis makinoana Schlechter
日 Suzumushi-sô(鈴蟲草)

　산지의 숲 속에서 자라는 낙엽성 지생종. 위구경은 난상 구형으로 길이 0.8~1.2cm이며 녹색이고 보통 지상에 나와 마른 엽초로 싸여 있다. 잎은 지난 해의 위구경 옆에서 2개가 나와 2~3개의 초상엽으로 싸여 호생하고 길이 4~12cm, 너비 2.5~7cm로 타원형~장타원형이며 끝이 둔하거나 다소 뾰족하며 가장자리는 물결 모양이다. 포는 길이 0.1~0.2cm로 난상 삼각형~삼각형으로 벌어지며 끝이 뾰족하고 흑자색을 띤다. 화경은 높이 10~35cm로 녹색이고 모서리가 있으며 직립한다. 꽃은 진한 자주색으로 5월 상순~6월 하순에 10개 내외가 총상 화서에 달린다.

⊛ **애기나리난초** (var. *nikkoensis*) : 기본종보다 소형이다.

* 종소명 '*makinoana*'는 '마키노의'의 뜻으로 북아메리카에 분포하는 '*Liparis lilifolia*'로 동정(同定)한 것을 일본의 식물학자 '마키노 도미타로(牧野富太郎)'가 세밀히 관찰하여 그린 것을 기념하여 명명한 것이다. 국명은 위구경의 형태가 백합(나리)과 같이 생긴 데서 유래한다.

✿ **분 포** 제주(한라산) 및 남부·중부·북부(평북·함남) 지방 등 전국 각처에 광범위하게 자생하나 '옥잠난초'에 비하여 개체수는 소수이다. 일본, 중국, 타이완, 우수리 등지의 냉·온대에 분포하는 동아시아 특산종이다.

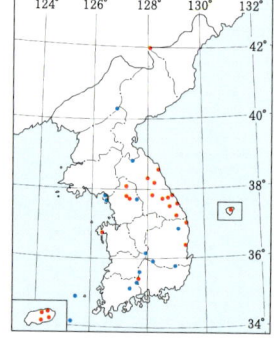

숲 속에서 자생 1993. 5. 31. 제주 동수악

키다리난초에 비하여 순판의 너비가 넓다. 1991. 5. 27. 제주 성판악 (김수남)

◀ 녹색의 끈 모양으로 된 것이 악편이다. 1994. 5. 31. 제주 동수악

꽃이 총상 화서를 이룬다. 1993. 5. 8. 제주 논고악

키다리난초

Liparis japonica (Miquel) Maximowicz

🇯 Seitaka-suzumushi(背高鈴蟲) 🇨 羊耳蒜

산지의 숲 속에서 자라는 낙엽성 지생종. 위구경은 타원상 구형으로 길이 0.6~1.2cm이며 지상에 나와 마른 엽초로 싸여 있다. 잎은 지난 해의 위구경 옆에서 2개가 나오며 길이 6~12cm, 너비 2.5~6cm로 난형~난상 장타원형이며 끝이 둔하고 기부는 쐐기형으로 초상의 엽병이 되고 가장자리에 주름이 다소 있으며 3~4개의 초상엽에 싸인다. 포는 길이 0.1~0.15cm로 난상 삼각형으로 벌어지고 끝이 뾰족하다. 화경은 높이 10~40cm로 직립하며 모서리에 좁은 날개가 있다. 꽃은 담녹색~흑자색으로 6월 중순~7월 하순에 다수가 총상 화서에 달린다.

⊛ **보라키다리난초** (for. *atronervata*) : 흑자색 꽃이 핀다.
⊛ **푸른키다리난초** (for. *viridiflora*) : 담녹색 꽃이 핀다.

* 종소명 '*japonica*'는 타입 표본의 산지를 나타내는 '일본산'을 뜻하며, 국명은 '나리난초'에 비하여 화경과 잎이 다소 큰 데 연유하나 반드시 그렇지는 않다.

❦ 분 포 제주를 제외한 남부·중부·북부(함북) 지방 등지에 소수가 자생한다. 일본, 중국, 아무르, 우수리 등지의 냉·온대에 분포하는 동아시아 특산종이다.

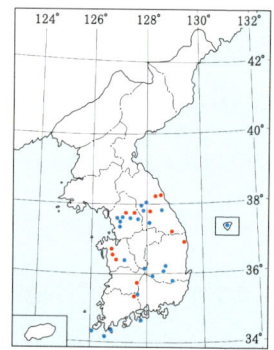

①②③④⑤**⑥⑦**⑧⑨⑩⑪⑫

숲 속에서 자생 1995. 7. 23. 강원 태백산 ▶

⊛ 보라키다리난초 1995. 7. 23. 강원 태백산

⑱ 푸른키다리난초 1991. 7. 1. 경기 유명산 (김수남)

키다리난초 군락 1996. 7. 7. 강원 춘천

참나리난초

Liparis koreana Nakai

🇯 Chôsen-suzumushi(朝鮮鈴蟲)

낙엽수림 밑에서 자라는 낙엽성 지생종. 위구경은 난형으로 길이 1~1.5cm이며 지상에 나와 있다. 잎은 2개가 지난 해의 위구경 옆에서 나와 비스듬히 서며 길이 5~15cm, 너비 1.8~3.3cm로 타원형~장타원형이고 끝이 둔하며 가장자리에 가는 주름이 있고 기부가 좁아져서 엽병이 날개처럼 된다. 포는 길이 1~2cm로 난상 삼각형이며 끝이 뾰족하다. 화경은 높이 15(10)~30cm로 직립하고 모서리에 좁은 날개가 있다. 꽃은 담녹색~흑자색으로 6월 하순~7월 중순에 15~30개가 총상 화서에 달린다. 순판이 중앙부에서 밑으로 활처럼 굽어 중앙부에 홈이 있는 점, 악편이 녹색인 점, 꽃이 피는 시기 등이 식물학자 '이창복'의 저서 「대한식물도감」 중 '참나리난초'의 내용과 일치하므로 본 종으로 정리한다.

⊛ **보라참나리난초**(for. *atronervata*) : 흑자색 꽃이 핀다.
⊛ **푸른참나리난초**(for. *viridiflora*) : 담녹색 꽃이 핀다.

＊ 종소명 'koreana'는 타입 표본의 산지를 나타내는 '한국산'을 뜻하며, 국명은 '나리난초'와 비슷한 데서 유래한다.

❦ 분 포 평북(강계), 함남(안변 삼방), 함북 등 북부 지방과 경기(광릉·유명산·포천 백운산), 강원 내륙 산간(설악산·양구) 등 중부 지방에 희귀하게 자생하는 한국 특산종이다.

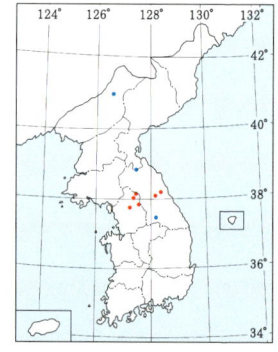

1 2 3 4 5 **6 7** 8 9 10 11 12

낙엽수림 밑에서 자생 1992. 7. 5. 강원 설악산 (김수남) ▶

⊛ 푸른참나리난초 1991. 7. 18. 강원 설악산 (김수남)

◀ ⊛ 보라참나리난초 1992. 7. 5. 강원 설악산 (김수남)

참나리난초 군락 1991. 7. 18. 강원 설악산 (김수남)

여름새우란

Calanthe reflexa Maximowicz
Ⓙ Natsu-ebine(夏海老根)　　Ⓒ 反瓣虾脊蘭

　다소 습한 낙엽수림이나 상록수림 밑에서 자라는 상록성 지생종. 위구경은 난상 구형으로 2~3개가 연결된다. 잎은 3~5개가 뿌리 가까이에서 나와 다음 해 봄에 죽으며 길이 10~30cm, 너비 3~8cm로 좁은 장타원형이며 끝이 날카롭고 털이 없거나 뒷면에 다소 짧은 털이 있지만 표면은 윤기가 없고 백색을 띤 녹색으로 세로줄이 많다. 포는 길이 1~2cm로 피침형이며 끝이 날카롭다. 화경은 높이 20~40cm로 기부의 엽액(葉腋)에서 나오며 1~2개의 포엽이 있고 자방과 더불어 미세한 털이 있다. 꽃은 담홍자색으로 8월 중순~9월 상순에 10~20개가 총상 화서에 달린다. 환경부에서 특정 야생 식물 제 36호로 지정, 보호하고 있다.

* 종소명 '*reflexa*'는 라틴 어 '뒤로 젖혀지는'의 뜻으로 악편이 꽃이 핀 후에 뒤로 젖혀지는 데 연유하며, 국명은 위구경의 형태가 '새우난초'와 비슷하고 꽃이 피는 시기가 여름인 데서 유래한다.

분 포　제주(한라산 해발 800m 이하), 전남(흑산도·진도) 등 남부 지방에 소수가 자생한다. 일본, 중국, 타이완 등 난대~아열대 아시아에 분포하는 동아시아 특산의 남방계 식물이다.

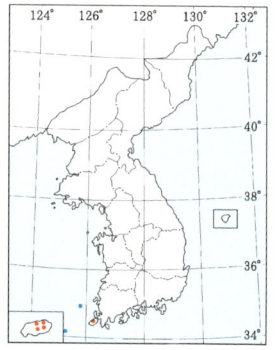

① ② ③ ④ ⑤ ⑥ ⑦ **⑧ ⑨** ⑩ ⑪ ⑫

낙엽수림 밑에서 자생 1993. 8. 29. 제주 선돌 ▶

꽃이 총상 화서를 이룬다. 1993. 8. 29. 제주 선돌

◀ 악편은 꽃이 핀 후 뒤로 젖혀진다.
1993. 8. 30. 제주 돈내코

자방 1994. 9. 22. 제주 성판악

새우난초속 중 여름에 개화하는 종이다. 1993. 8. 29. 제주 선돌

새우난초

Calanthe discolor Lindley

🇯🇵 Ebine(海老根)　　　🇨🇳 虾脊蘭

　낙엽수림 밑에서 자라는 상록성 지생종. 위구경은 염주 모양으로 마디가 많으며 옆으로 벋고 다수의 가는 뿌리가 있다. 잎은 2년생으로 2~3개가 나와 다음 해에 옆으로 늘어지며 길이 15~30cm로 끝이 도피침상 장타원형이고 가장자리에 주름이 지며 털이 없다. 포는 길이 0.3~0.6(1)cm로 피침형이며 막질이다. 화경은 높이 30~50cm로 엽액에서 나오고 자방과 더불어 짧은 털이 있다. 꽃은 4월 하순~5월 하순에 8~15개가 길이 약 15cm의 총상 화서에 다소 드문드문 달리며, 화피편은 벌어지고 자갈색이 많지만 간혹 녹색을 띤다. 환경부에서 특정 야생 식물 제 37호로 지정, 보호하고 있다.

⊛ **붉은새우난초**(for. *rosea*) : 화피편이 자갈색, 순판이 홍색이다.
⊛ **푸른새우난초**(for. *viridi-alba*) : 화피편이 황록색, 순판이 백색이다.
⊛ **주황새우난초**(for. *rufo-aurantiaca*) : 화피편이 붉은빛을 띤 황갈색, 순판이 백색이다.
⊛ **노란새우난초**(for. *luteus*) : 화피편이 자갈색, 순판이 황색이다.
* 종소명 '*discolor*'는 그리스 어 '두 개(dis)'와 라틴 어 '색채(color)'의 합성어로 꽃의 색이 두 가지인 데서 유래하며, 국명은 위구경의 모습이 새우를 닮은 데 연유한다.

🌱 **분 포** 제주(한라산 해발 900m 이하), 전남(홍도·소흑산도·진도군도·완도·보길도·두륜산·지리산), 전북(변산 반도), 경남(거제도), 충남(안면도) 등지에 자생한다. 일본, 중국 등지의 난대에 분포하는 동아시아 특산의 남방계 식물이다.

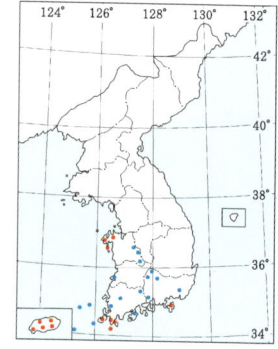

① ② ③ ④ ⑤ ⑥ ⑦ ⑧ ⑨ ⑩ ⑪ ⑫

낙엽수림 밑에서 자생 1993. 5. 8. 제주 북제주

순판이 3렬한다. 1994. 5. 6. 제주 남제주

⑱ 붉은새우난초 1995. 5. 7. 제주 북제주

※ 노란새우난초 1994. 5. 7. 제주 비자림 (김수남)

큰새우난초(한라새우난초)

Calanthe × ***bicolor*** Lindley

日 Takane(飴), Sono-ebine(園海老根)

낙엽수림 밑에서 자라는 상록성 지생종. 위구경은 옆으로 벋으며 염주 모양이다. 잎은 2~3개가 뿌리 가까이에서 나와 다음 해 꽃이 필 때 죽고 길이 20~25cm로 좁은 타원형~장타원형이며 털이 없고 끝이 둥그렇다. 포는 길이 약 0.6cm로 피침형이며 막질이다. 화경은 높이 35~50cm로 기부의 엽액에서 나오고 포엽이 1~2개 붙는다. 꽃은 4월 하순~5월 하순에 5~15개가 총상 화서에 달리는데, 크기는 '금새우난초'와 비슷하지만 꽃의 모양과 색의 변이가 매우 다양하다. '새우난초'와 '금새우난초'가 혼생된 지역에 분포하는 자연 교잡종으로 '새우난초'에 비하여 조금 크다. 환경부에서 특정 야생 식물 제 45호로 지정, 보호하고 있다.

* 종소명 '*bicolor*'는 그리스 어 '2 또는 두 개(bi)'와 라틴 어 '색채(color)'의 합성어로 자연 교잡종이므로 화피편과 순판이 서로 다른 데서 유래하며, 국명은 꽃의 크기가 '새우난초'보다 큰 데 연유한다.

🌱 **분 포** 제주(한라산 해발 700m 이하), 전남 도서(대흑산도·홍도·완도) 등지에 소수가 자생하나 꽃이 아름다워 함부로 채취되어 멸종 위기에 있다. 일본에 국한하여 분포하는 동아시아 특산의 남방계 식물이다.

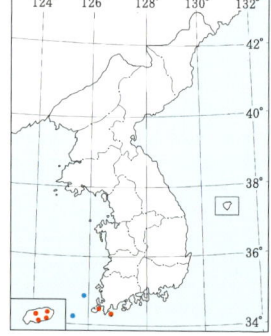

① ② ③ **④ ⑤** ⑥ ⑦ ⑧ ⑨ ⑩ ⑪ ⑫

낙엽수림 밑에서 자생 1994. 5. 7. 제주 비자림 ▶

새우난초가 모종이다. 1993. 5. 7. 제주 논고악

금새우난초가 모종이다.
1993. 5. 8. 제주 논고악

색의 변이가 다양하다. 1995. 5. 7. 제주 북제주

금새우난초(노랑새우난초)

Calanthe sieboldi Decaisne et Regel

🇯🇵 Ki-ebine(黃海老根), Ô-ebine(大海老根)

　낙엽수림 밑에서 자라는 상록성 지생종. 위구경은 구형으로 마디가 많으며 옆으로 벋고 다수의 가는 뿌리가 있다. 잎은 길이 20~30cm, 너비 5~10cm로 광타원형이며 주름이 많고 엽병이 길며 기부에서 2~3개가 나와 초상엽으로 싸인 후 점점 떨어져 다음 해 봄에 죽는다. 포는 길이 0.5~1cm로 피침형이며 마른 막질이고 끝이 뾰족하다. 화경은 잎이 다 자라기 전에 높이 40cm 내외로 되며 1~2개의 포엽이 있다. 꽃은 황색으로 4월 하순~6월 중순에 총상 화서에 달리고 다소 향기가 있다. 환경부에서 특정 야생 식물 제 38호로 지정, 보호하고 있다.

＊ 종소명 '*sieboldi*'는 'Siebold의'의 뜻으로 일본 식물을 연구한 네덜란드의 식물학자 'P. Siebold'를 기념하여 명명한 것이며, 국명은 위구경의 형태가 '새우난초'와 비슷하고 꽃이 황색인 데 연유한다.

🌱 **분포** 제주(한라산 해발 900m 이하·횡간도), 전남 해안 및 도서(진도·완도·보길도·흑산 군도·홍도), 경북(울릉도) 등지에 자생한다. 일본, 타이완 등지의 난대에 분포하는 동아시아 특산의 남방계 식물이다.

① ② ③ ④ ⑤ ⑥ ⑦ ⑧ ⑨ ⑩ ⑪ ⑫

낙엽수림 밑에서 자생 1993. 5. 29. 제주 성판악 ▶

꽃과 전년도 자방 1994. 5. 7. 제주 북제주   꽃에 변이가 있다. 1994. 5. 7. 제주 북제주

꽃이 핀 후 잎이 더 자란다.
1991. 5. 20. 경북 울릉도 (김수남)

◀ 꽃이 총상 화서를 이룬다.
1992. 5. 16. 제주 동수악

금새우난초 군락 1992. 5. 16. 제주 동수악

약난초 (정화난초)

Cremastra appendiculata (D. Don) Makino

日 Saihai-ran (采配蘭)   中 杜鵑蘭

  낙엽수림 밑에서 자라며 상록 월동하는 낙엽성 지생종. 위구경은 난상 구형으로 지하에 얕게 들어가며 옆으로 염주 모양으로 연결된다. 잎은 1~2개가 위구경에서 나와 다음 해 꽃이 피면 마르고 길이 20~40cm, 너비 4~8cm로 장타원형이며 3개의 맥이 두드러지고 털이 없으며 끝이 뾰족하고 기부는 좁아져서 길이 3~10cm의 엽병과 연결된다. 포는 길이 0.7~1cm로 선상 피침형이며 끝이 뾰족하다. 화경은 높이 30~50cm, 지름 0.3~0.5cm로 위구경에서 나와 직립하며 수개의 초상엽이 있다. 꽃은 홍자색을 띤 담녹갈색으로 5월 하순~6월 중순에 15~20개가 길이 10~20m의 다소 한쪽으로 치우친 화서에 밑을 향하여 달리며, 화판은 다소 벌어진다. 환경부에서 특정 야생 식물 제39호로 지정, 보호하고 있다.

※ **녹화약난초**(for. *viridiflora*) : 녹색 꽃이 핀다.

* 종소명 '*appendiculata*'는 라틴 어 '부속물이 있는'의 뜻으로 처음의 근경이 붙어 있는 것을 중요시한 데서 유래하며, 국명은 위구경을 지혈제로 사용하는 데 연유한다.

🌱 **분 포**   제주(한라산 해발 900m 이하), 전남(두륜산·조계산·불갑산), 전북(내장산·지리산), 남해안 및 도서(완도·보길도·거제도) 지방 등지에 자생한다. 일본, 중국, 타이완, 사할린 남부, 남쿠릴 열도, 타이, 열대 히말라야 등지에 분포한다.

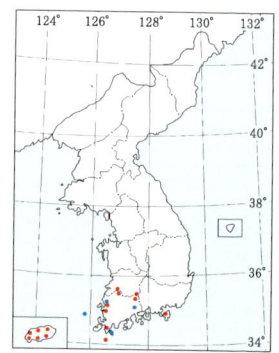

① ② ③ ④ **⑤ ⑥** ⑦ ⑧ ⑨ ⑩ ⑪ ⑫

낙엽수림 밑에서 자생 1992. 6. 20. 제주 봉개동

육지산은 악편이 담녹색을 띠기도 한다. 1993. 6. 6. 전남 백양산 (김수남)

◀ 화판이 다소 벌어진다.
1994. 5. 28. 제주 산굼부리

꽃이 피면 잎이 죽는다. 1992. 6. 20. 제주 봉개동

두잎약난초(종덕이난초)

Aplectrum unguiculatum (Finet) F. Maekawa
= ***Cremastra unguiculata*** (Finet) Finet
🇯 Token-ran(杜鵑蘭)

　낙엽수림 밑에서 자라며 상록 월동하는 낙엽성 지생종. 위구경은 길이 1~1.5cm로 난상 원형이며 녹색을 띤다. 잎은 1~2개가 위구경에서 나오고 길이 10~15cm, 너비 3~5cm로 장타원형이며 털이 없고 끝은 뾰족하며 기부에 있는 길이 4~6cm의 엽병에는 3개의 맥이 있다. 포는 길이 0.4~0.6cm로 피침형이며 막질이다. 화경은 높이 25~40cm로 가늘고 아래에 2개의 초상엽이 있다. 꽃은 황갈색으로 5월 중순~6월 중순에 수개~12개가 비스듬히 서며 반쯤 벌어진다. '약난초속'에 비하여 순판의 상순부가 직각으로 나온 점, 매년 1개의 위구경이 생기는 점, 지난 해의 위구경 사이에 길고 가는 지하경의 부분이 끼는 점 등과 점착체 형태의 차이 등을 고려하여 '약난초속'에서 독립시켰다.

* 종소명 '*unguiculatum*'은 라틴 어 '고양이나 매의 웅크린 발톱'에서 유래된 식물 기재 용어로 화판이 넓은 부분으로부터 기부로 향하여 급히 좁아지고 약간 긴 부분으로 된 데서 유래한다. 국명은 '약난초'와 흡사하나 잎이 보통 2개인 데 연유한다.

✿ 분 포 제주 고유 분포종으로 제주 한라산 해발 900m 이하에 매우 희귀하게 자생한다. 일본에 국한하여 분포하는 동아시아 특산의 남방계 식물이다.

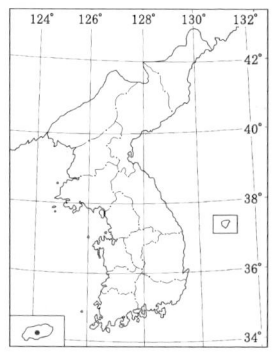

낙엽수림 밑에서 자생 1994. 5. 28. 제주 물장올 ▶

꽃이 총상 화서를 이룬다. 1994. 5. 28. 제주 물장올

◄ 꽃이 반쯤 벌어져 핀다. 1994. 5. 28. 제주 물장올

감자난초

Oreorchis patens (Lindley) Lindley

日 Kokei-ran(小蕙蘭)　　　　中 山蘭

　낙엽수림 밑에서 자라며 상록 월동하는 낙엽성 지생종. 위구경은 길이 1.5~2cm로 난상 구형이며 아래에 다수의 가는 뿌리가 있다. 잎은 1~2개가 위구경에서 나오고 길이 20~40cm, 너비 0.7~3cm로 피침형~좁은 장타원형이며 세로줄이 있고 끝이 날카롭다. 포는 길이 0.4~0.6cm로 막질이고 좁은 피침형이며 끝이 날카롭다. 화경은 높이 30~50cm로 직립하고 밑부분에 2~3개의 초상엽이 있다. 꽃은 황갈색으로 5월 상순~6월 하순에 길이 10~20cm의 총상 화서에 달린다.

* 종소명 '*patens*'는 라틴 어 '열리다'의 뜻으로 순판의 측열편이 바깥쪽으로 열려 있는 데서 유래하며, 국명은 위구경의 형태를 감자에 비유하여 붙여졌다.

❦ **분 포** 제주를 제외한 전국 각처에 광범위하게 분포한다. 일본, 중국, 타이완, 우수리, 아무르, 사할린, 남쿠릴 열도, 캄차카 반도, 동시베리아 등지의 냉대에 분포하는 동아시아 특산의 북방계 식물이다.

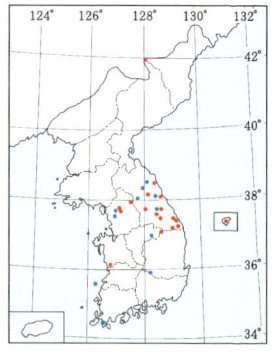

① ② ③ ④ **⑤** **⑥** ⑦ ⑧ ⑨ ⑩ ⑪ ⑫

낙엽수림 밑에서 자생 1995. 5. 20. 경기 소리봉

감자난초 군락 1994. 5. 12. 경기 광릉 (김수남)

백색 순판에 갈색 반점이 있다. 1994. 5. 22. 강원 공작산 (김수남)

꽃과 전년도 자방 1994. 6. 20. 경북 소백산 (김수남)

꽃이 총상 화서를 이룬다. 1994. 5. 12. 경기 광릉 (김수남)

한라감자난초 [신청]

Oreorchis coreana Finet

日 Chôsen-kokeiran (朝鮮小蕙蘭)

낙엽수림 밑에서 자라며 상록 월동하는 낙엽성 지생종. 위구경은 난상 구형으로 밑부분에 다수의 가는 뿌리가 있다. 잎은 1~2개가 위구경에서 나오고 길이 25~50cm, 너비 0.8~3.5cm로 좁은 장타원형이며 세로줄이 있고 끝이 날카롭다. 포는 길이 0.5~0.8cm로 좁은 피침형이며 막질이고 끝이 날카롭다. 화경은 높이 30~50cm로 직립하고 아래에 2~3개의 초상엽이 있다. 꽃은 진한 황갈색으로 6월 중순~7월 중순에 길이 15~30cm의 총상 화서에 달린다. '감자난초'는 측열편이 피침형이고 끝이 둔하며 순판도 갈라지지 않는데 비하여, 측열편이 긴 난형이고 순판도 기부 가까이에서 3개로 갈라지는 점이 다르다.

* 종소명 '*coreana*'는 타입 표본의 산지를 나타내는 '한국산'을 뜻하며, 국명은 '감자난초'와 형태가 비슷하고 최초 채집지가 한라산인 데서 필자가 명명하였다.

분 포 제주 고유 분포종으로 제주 한라산 해발 1500m 이하의 각지에 비교적 흔히 자생한다. 한국 특산 식물로 생태적·형태적 특징의 검토 가치가 있는 종이다.

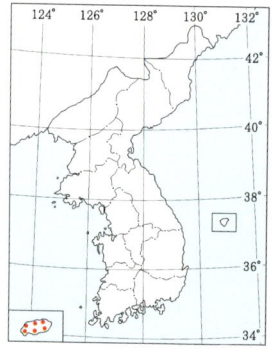

낙엽수림 밑에서 자생 1993. 6. 26. 제주 논고악

꽃이 피면 잎이 죽는다.
1993. 6. 26. 제주 동수악

자방 1994. 8. 13. 제주 동수악

◀ 꽃이 총상 화서를 이룬다. 1993. 6. 26. 제주 논고악

산호란〔신칭〕

***Corallorhiza trifida* Chatelain**

㊐ Chôsen-ran(朝鮮蘭), Muyô-hinaran(無葉雛蘭)
㊥ 珊瑚蘭   ㊄ Coralroot

고산의 침엽수림 밑(유럽에서는 습기가 많은 늪지의 숲 속)에서 자라는 무엽성 부생종. 뿌리는 산호상으로 분지하고 육질이며 가는 뿌리는 없다. 줄기는 높이 10~20cm로 직립하고 원기둥 모양이며 홍갈색이다. 초는 3~4개로 홍갈색이고 입구가 비스듬히 벌어지며 아랫부분의 것은 길이 약 1cm, 윗부분의 것은 길이 약 6cm이다. 포는 소형이다. 화경은 길이 1.5~3.5cm의 총상 화서로 된다. 꽃은 담녹황색으로 6월 상순~7월 중순에 3~9개가 정생(頂生)한다.

* 종소명 '*trifida*'는 '3개(tri)'와 '중렬된(fida)'의 합성어로 꽃부분의 순판이 3개로 갈라지는 데서 유래하며, 국명은 뿌리의 형태가 산호상인 데 연유한다.

❦ 분 포 북부 고산(백두산)에 희귀하게 자생한다. 중국(둥베이·허베이·산시·쓰촨), 몽골, 우수리, 아무르, 오호츠크 해 연안, 쿠릴 열도, 캄차카 반도, 시베리아, 중앙 아시아, 코카서스, 유럽, 북아메리카 등 북반구의 한랭지에 분포하는 북방계 식물이다.

① ② ③ ④ ⑤ **⑥ ⑦** ⑧ ⑨ ⑩ ⑪ ⑫

고산의 숲 속에서 자생 1996. 6. 21. 백두산

순판이 3렬한다. 1996. 6. 21. 백두산

썩은 식물체에 기생한다. 1996. 6. 21. 백두산

자방 1996. 6. 23. 백두산

뿌리 1996. 6. 21. 백두산 (김수남)

콩짜개란(덩굴난초)

Bulbophyllum drymoglossum Maximowicz

日 Mamezuta-ran(豆蔦蘭)   中 圓葉石豆蘭

나무나 바위에 붙어서 자라는 상록성 착생종(着生種). 줄기는 실 모양으로 가늘고 길며 2~3마디에 1개의 잎이 달린다. 잎은 호생하고 길이 0.6~1.3cm, 너비 0.5~1cm로 도란상 원형이며 작고 두꺼운 혁질이고 끝이 둥글며 기부가 좁아지고 엽병이 없으며 맥은 뚜렷하지 않다. 포는 길이 약 0.15cm로 난형이고 막질이며 끝이 둔하다. 화경은 줄기의 기부에서 실 모양으로 나오며, 꽃은 담황색으로 지름 약 1cm이며 5~6월에 길이 0.7~1cm의 가는 화병 끝에 1개씩 핀다.

* 종소명 '*drymoglossum*'은 '숲의 혀'의 뜻으로 잎을 혀에 비유한 데 연유하며, 국명은 육질의 잎을 반쪽 콩에 비유한 데서 유래한다.

❀ 분 포 제주의 저지대(동북제주 비자림·선흘, 서귀포 선돌·돈내코, 동남제주 수악), 전남 남해안 (강진 석문산) 및 도서(보길도) 지방 등지에 매우 희귀하게 자생한다. 일본, 중국 등지의 난대에 분포하는 동아시아 특산의 대표적인 남방계 식물이다.

① ② ③ ④ **⑤ ⑥** ⑦ ⑧ ⑨ ⑩ ⑪ ⑫

나무나 바위에 착생 1994. 5. 30. 제주 비자림 ▶

잎이 콩을 반으로 가른 모양이다. 1993. 5. 28. 제주 비자림

화경에 1개의 꽃이 정생한다. 1993. 5. 19. 제주 수악

다수의 개체가 군생한다. 1995. 6. 1. 제주 비자림

흑난초(보리난초)

***Bulbophyllum inconspicuum* Maximowicz**

日 Mugi-ran(麥蘭)

나무나 바위에 붙어서 군생하는 소형의 상록성 착생종. 근경은 실 모양이며 가로로 벋고 가는 뿌리가 있다. 줄기는 가늘고 길게 옆으로 벋으며 길이 0.6~0.8cm의 난형 위구경이 달려 있다. 잎은 길이 1~3.5cm로 장타원형이며 두꺼운 육질이고 끝은 둥글거나 다소 들어가고 중륵은 뚜렷하며 7~9개의 맥이 있다. 포는 길이 약 0.2cm로 장타원형이며 얇은 막질이다. 꽃은 황백색을 띠며 5월 하순~7월 하순에 위구경에서 나와 길이 약 0.6cm의 화경 끝에 1~3개가 달린다. 환경부에서 특정 야생 식물 제 31호로 지정, 보호하고 있다.

* 종소명 '*inconspicuum*'은 라틴 어 '뚜렷하지 않다'의 뜻으로 '흑난초속' 중에는 꽃이 눈에 띄는 것이 많은 데 비하여 꽃이 작으면서도 잎의 밑부분에 감추어져 눈에 띄지 않는 데서 유래하며, 국명은 난형의 위구경을 혹에 비유한 데 연유한다.

분 포 제주(동북제주, 서귀포, 하추자도 서남쪽 무인도), 전남 남해안(두륜산, 강진 석문산·달마산, 장흥, 고흥) 및 도서(완도·보길도·진도 군도·신안 군도) 지방 등지에 자생한다. 일본에 국한하여 분포하는 동아시아 특산의 대표적인 남방계 식물이다.

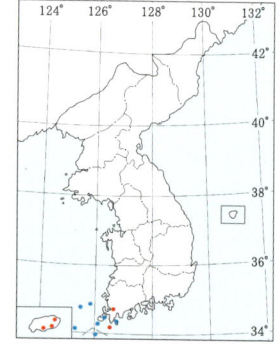

나무나 바위에 붙어서 자생 1993. 6. 23. 제주 비자림

잎이 두꺼운 육질이다. 1992. 6. 20. 제주 비자림

주로 비자나무에 착생한다. ▶
1992. 6. 20. 제주 비자림

꽃이 매우 소형이다. 1992. 6. 20. 제주 비자림

다수의 개체가 군생한다. 1992. 6. 20. 제주 비자림

석곡(석란)

Dendrobium moniliforme (Linné) Swartz

日 Sekkoku(石斛)　　　　中 細莖石斛

나무나 바위에 붙어서 자라는 상록성 착생종. 근경에서 굵은 뿌리가 많이 돋는다. 줄기는 높이 5~25cm로 직립하고 원기둥 모양이며 오래 된 것은 잎이 없고 마디만 있으며 마디 사이는 길이 1.5~3cm로 녹갈색이다. 잎은 2~3년생으로 수개가 호생하고 길이 3~7cm, 너비 0.5~1.2(1.5)cm로 피침형이며 혁질이고 윤기 있는 짙은 녹색이며 끝이 다소 둔하다. 꽃은 백색으로 5월 중순~6월 상순에 오래 된 줄기 상부 마디에 1~2개가 달리며 향기가 있다. 환경부에서 특정 야생 식물 제 47호로 지정, 보호하고 있다.

❀ **분홍석곡**(for. *subrufescens*) : 담홍색 꽃이 핀다.

＊ 종소명 '*moniliforme*'는 라틴 어 '목 장식을 닮은 모양'의 형용사로 줄기가 말라 마디 사이보다 마디가 가늘어져서 쭈그러진 모양에서 유래하며, 국명은 한자어 '石斛(석곡)'에서 연유한다.

🌱 **분 포** 제주, 전남, 광주, 전북, 경남, 경북, 강원 남부 등지에 흔하게 자생하였으나 약용·관상용으로 마구 채취하여 멸종 위기에 있다. 일본, 중국, 타이완 등지의 난대에 분포하는 동아시아 특산의 남방계 식물이다.

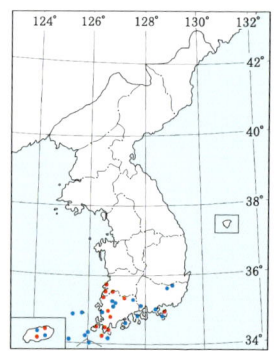

① ② ③ ④ **5** **6** ⑦ ⑧ ⑨ ⑩ ⑪ ⑫

나무나 바위에 붙어서 자생 1993. 5. 20. 제주 선돌 ▶

꽃이 총상 화서를 이룬다. 1996. 5. 18. 전남 석문산 (김수남)

자방 1994. 9. 24. 제주 돈내코

㊿ 분홍석곡 1994. 5. 21. 제주 선돌

오래 된 줄기 상부 마디에서 꽃이 핀다. 1995. 5. 24. 제주 선돌

죽백란 (돈란)

Cymbidium lancifolium Hooker fil.

日 Nagi-ran(梛蘭)　　　　　　中 兎耳蘭

　상록수림 밑에서 자라는 상록성 지생종. 지하경은 분지하고, 인편으로 싸인 소형의 위구경은 구슬 모양으로 늘어선다. 잎은 1~3개가 좁은 장타원형으로 혁질이며 윤기가 있고 엽병과 더불어 길이 6~25 cm, 너비 1.5~3cm로 끝이 뾰족하고 기부는 가는 엽병으로 되며 윗부분의 가장자리에 미세한 톱니가 있다. 포는 막질이고 피침형이며 끝이 날카롭다. 꽃은 황백색을 띤 희미한 담자색으로 7월 중순~8월 상순에 높이 10~20 cm로 직립한 화경 끝에 3~4개가 달린다.

⊛ **소심죽백란**(for. *leucanthum*) : 순판에 반점이 없고, 꽃 전체가 백색이다.

＊ 종소명 '*lancifolium*'은 라틴 어 '피침형(lanceus)'과 '잎(folium)'의 합성어로 잎의 형태가 피침형인 데서 유래하는데, 한국산은 잎이 좁은 장타원형보다 넓은 형태이다. 국명은 잎 모양이 대나무 잎과 비슷한 데 연유한다.

❦ **분 포** 제주 고유 분포종으로 제주 한라산 남쪽 해발 600 m 이하의 '한란' 자생지(서귀포, 동남제주)에 극히 희귀하게 자생한다. 일본, 중국, 타이완, 동남 아시아, 히말라야(인도, 카슈미르) 등 아열대 및 난대 아시아에 분포하는 남방계 식물이다.

① ② ③ ④ ⑤ ⑥ **⑦ ⑧** ⑨ ⑩ ⑪ ⑫

상록수림 밑에서 한란과 같이 자생 1993. 7. 20. 재배품

꽃이 총상 화서를 이룬다. 1994. 7. 18. 재배품

녹화죽백란

Cymbidium javanicum Blume
var. ***aspidistrifolium*** (Fukuyama) F. Maekawa
日 Akizaki-nagiran(秋咲梛蘭)

  상록수림 밑에서 자라는 상록성 지생종. 지하경은 분지하고, 인편으로 둘러싸인 소형의 위구경은 구슬 모양으로 붙는다. 잎은 1~3개로 타원형~좁은 장타원형이며 혁질이고 윤기가 있으며 길이 20~30cm, 너비 2~4cm로 끝이 급히 뾰족하고 기부는 가는 엽병으로 된다. 포는 선상 피침형으로 길이 2~2.3cm이고 막질이며 끝이 날카롭다. 꽃은 담녹색을 띠고 10월 상순~11월 중순에 높이 10~20cm로 직립한 화경 끝에 3~4개가 달린다. '죽백란'과 비슷하지만 잎의 가장자리에 톱니가 없으며 꽃의 색과 피는 시기도 차이가 있다.

* 종소명 '*javanicum*'은 타입 표본의 산지를 나타내는 '자바산'을 뜻하며, 변종소명 '*aspidistrifolium*'은 '백합과의 *Aspidistra*속'과 '잎(folium)'의 합성어로 잎 모양이 '엽란(백합과의 다년초)'과 비슷한 데서 유래한다. 국명은 '죽백란'과 비슷하지만 꽃의 색이 녹색인 데 연유한다.

💚 **분 포** 제주 고유 분포종으로 제주 한라산 남쪽 해발 600m 이하의 '한란' 및 '죽백란' 자생지(서귀포, 동남제주)에 극히 희귀하게 자생한다. 일본, 중국, 타이완, 동남 아시아, 히말라야 등 아열대 및 난대 아시아에 분포하는 남방계 식물이다.

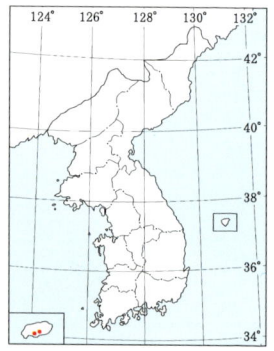

① ② ③ ④ ⑤ ⑥ ⑦ ⑧ ⑨ **⑩ ⑪** ⑫

상록수림 밑에서 자생 1993. 10. 23. 재배품 ▶

꽃이 총상 화서를 이룬다. 1991. 10. 24. 재배품

죽백란보다 소형이다. 1993. 10. 23. 재배품

보춘화(춘란)

Cymbidium goeringii (Reichenbach fil.) Reichenbach fil.

日 Shun-ran(春蘭)　　　　　中 春蘭

　다소 건조한 숲 밑에서 자라는 상록성 지생종. 뿌리는 굵고 다수가 사방으로 길게 벋으며 백색이다. 근경은 마디 사이가 짧아지며 잎이 뭉쳐 나온다. 잎은 길이 20~50cm, 너비 0.6~1cm로 선형이며 끝이 날카롭고 가장자리에 미세한 톱니가 있고 기부는 초로 된다. 포는 초상엽과 비슷하며 길이 3~4cm로 피침형이고 끝이 뾰족하다. 화경은 높이 10~25cm로 직립하고 다소 육질이며 수개가 막질의 초상엽에 싸여 있다. 꽃은 일반적으로 담녹색~담황록색이며 3월 중순~5월 상순에 화경 끝에 1(2)개가 달리는데, 다소 향기가 있는 것도 있다. 환경부에서 특정 야생 식물 제 48호로 지정, 보호하고 있다.

⊛ **세엽보춘화**(var. *angustatum*) : 잎의 너비가 0.2~0.3cm이다.
⊛ **적화보춘화**(for. *aurantioruber*) : 적색 꽃이 핀다.
⊛ **소심보춘화**(for. *soshin*) : 순판에 반점이 없고 백색이다.

＊ 종소명 'goeringii'는 'Goering의'의 뜻으로 일본의 나가사키(長崎)에서 식물을 채집한 네덜란드의 'P. Goering'을 기념하여 명명한 것이며, 국명은 꽃이 피는 시기가 이른봄으로서 봄을 알리는 꽃인 데 연유한다.

🌱 **분 포** 제주(한라산 해발 1300m 이하), 서북 도서(인천 백령도·대청도), 충남(계룡산), 경북(팔공산), 동해안(강원 삼척·동해), 경북(울릉도)을 연결하는 이남 지역에 자생한다. 일본, 중국, 타이완 등지의 온대에 분포하는 동아시아 특산의 남방계 식물이다.

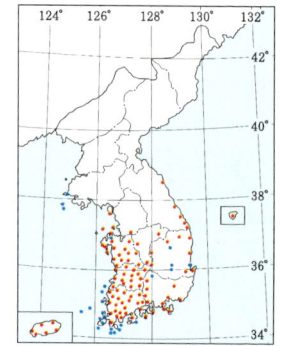

주로 소나무 밑에서 자생 1993. 4. 3. 제주 동수악 ▶

드물게 화경에 3개의 꽃이 달린다. 1993. 4. 3. 제주 동수악

화경에 1개의 꽃이 달린다.
1996. 4. 28. 전남 영광 (김수남)

성숙된 자방 1991. 3. 3. 전북 모악산 (김수남)

⑧ 소심보춘화 1995. 4. 10. 제주 동수악

담황록색 꽃이 핀다. 1994. 3. 29. 재배품

흑자색 꽃이 핀다. 1994. 3. 20. 재배품

한란

***Cymbidium kanran* Makino**

🇯🇵 Kan-ran(寒蘭)　　　　　🇨🇳 寒蘭

　상록수림 밑에서 자라는 상록성 지생종. 뿌리는 굵고 다수가 사방으로 길게 벋고, 위구경에서 3~4(8)개의 잎이 뭉쳐 나온다. 잎은 길이 20~50cm, 너비 0.6~1.5cm로 넓은 선형이고 혁질이며 다소 굽고 끝이 날카로우며 가장자리가 다소 밋밋하다. 포는 길이 0.8~3cm로 선형이고 혁질이며 끝이 날카롭다. 화경은 높이 25~60cm로 직립하고 기부의 초상엽은 6~9개로 길이 3~6cm이다. 꽃은 색의 변이가 다양하며 10월 중순~11월 중순에 5~13(18)개가 총상 화서에 달리며 향기가 있다. 천연 기념물 제 191호로 지정, 보호하고 있다.

⊛ **대엽한란**(var. *latifolium*) : 잎의 길이 60cm 이상, 너비 1.5cm 이상이다.

⊛ **청한란**(for. *viridescens*) : 담녹색 꽃이 핀다.

⊛ **홍한란**(for. *rubescens*) : 담홍색 꽃이 핀다.

⊛ **자한란**(for. *purpurascens*) : 담자색 꽃이 핀다.

⊛ **경사한란**(for. *purpureo-viridescens*) : 꽃에 줄무늬가 있다.

＊ 종소명 '*kanran*'은 '한란(寒蘭)'의 일본음으로 일본에서 꽃이 피는 시기가 초겨울인 11~12월인 데 연유하며, 국명은 '寒蘭(한란)'의 일본음을 인용하였다.

🌱 **분포** 제주(한라산 해발 70~900m)에 자생하는데, 최근 전남(두륜산·강진 만덕산·노화도·고흥·장성)에서도 발견되고 있다. 일본, 중국, 타이완 등지의 난대에 분포하는 동아시아 특산의 남방계 식물이다.

1 2 3 4 5 6 7 8 9 **10 11** 12

상록수림 밑에서 자생 1991. 10. 24. 제주 돈내코 ▶

※ 청한란 1993. 10. 27. 재배품

⑧ 자한란 1993. 10. 27. 재배품

⊗ 홍한란 1993. 10. 27. 재배품

⑱ 경사한란 1993. 10. 27. 재배품

구화란〔신청〕

Cymbidium faberi Rolfe
中 蕙蘭

다소 양지바른 숲 속의 소나무와 억새가 혼생하는 지역에서 자라는 상록성 지생종. 뿌리는 다소 백색이며 지름 0.7(0.5)~1cm로 굵고 다수가 사방으로 길게 벋으며, 위구경은 뚜렷하지 않고 인편엽으로 싸여 있다. 잎은 6~10개로 선형이고 길이 60~100cm, 너비 0.8~1.8cm로 혁질이며 다소 단단하고 끝이 날카로우며 기부에 작은 홈이 있고 가장자리에 뚜렷한 톱니가 있으며 중륵과 측맥이 아래로 올라간다. 포는 길이 약 3cm로 피침형이고 혁질이며 끝이 날카롭다. 화경은 높이 45~60cm로 직립하고 적색~녹색이다. 꽃은 담녹색 또는 담자색을 띠며 지름 5~7cm이고 4월 상순~5월 상순에 12~18개가 총상 화서에 달리며 향기가 있다.

⊛ **적경구화란**(for. *ruburum*) : 화경이 적색, 꽃이 담자색이다.
⊛ **녹경구화란**(for. *viridis*) : 화경이 녹색, 꽃이 담녹색이다.

* 종소명 'faberi'는 라틴 어 'Faber의'의 뜻으로 중국에서 식물을 채집한 독일의 식물학자 'Faber'를 기념하여 명명한 것이며, 국명은 관용화된 '일경구화(一莖九華)'에 연유하여 필자가 명명하였다.

❀ **분 포** 최근 전남(해남·진도)에서 소수가 발견된 극히 희귀한 종으로, 진도에는 '적경구화란'만 자생하며 꽃의 색깔이 다양하다. 중국, 타이완 등지의 난대에 분포하는 동아시아 특산의 대표적인 남방계 식물이다.

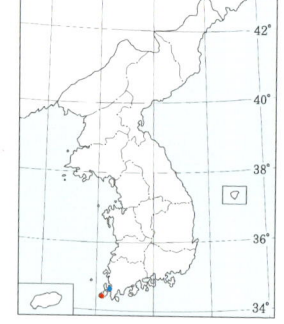

양지바른 풀밭에서 자생 1994. 4. 30. 재배품 (이영규)

㊴ 화경이 녹색인 녹경구화란 1994. 4. 30. 재배품 (이영규)

대홍란

Cymbidium nipponicum (Franchet et Savatier) Makino
日 Maya-ran(摩耶蘭)

산림 내의 썩은 식물체에 기생하여 자라는 무엽성 부생종. 지하경은 길이 15cm 정도로 길며 백색이고 육질이며 드문드문 분지하고 가는 털과 삼각상의 인편이 있으며 그 끝에서 줄기가 나온다. 줄기는 높이 10~30cm로 직립하고 다소 작은 털이 있으며 기부가 짧은 초로 된다. 막질의 인편엽이 드문드문 수개 있지만 녹색의 잎은 없다. 포는 길이 0.5~1cm로 막질이고 넓은 피침형이며 끝이 날카롭다. 꽃은 백색 바탕에 홍자색이 돌며 7월 상순~8월 중순에 줄기 끝에 2~6개가 총상 화서로 드문드문 달린다. 환경부에서 특정 야생 식물 제 49호로 지정, 보호하고 있다.

⊛ **소심대흥란**(for. *sagamiense*) : 백색 꽃이 핀다.

* 종소명 '*nipponicum*'은 타입 표본의 산지를 나타내는 '일본산'을 뜻하며, 국명은 최초 채집지인 전남 해남군 대흥사(현 대둔사)의 지명에서 유래한다.

❦ **분 포** 제주(해발 400m 이하), 남해안 도서(진도·남해도·미륵도·거제도) 및 남부(전남, 전북 고창, 경남 양산·울산, 경북 포항) 지방 등지에 소수가 자생한다. 일본, 인도차이나 반도, 인도, 뉴기니까지 광범위하게 분포하는 남방계 식물이다.

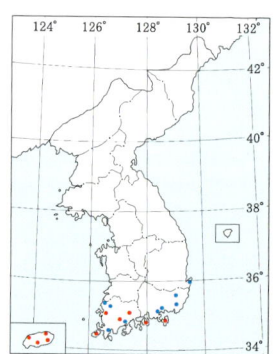

주로 소나무 밑에서 자생 1993. 7. 10. 제주 망오름 ▶

꽃이 총상 화서를 이룬다. 1993. 7. 10. 제주 망오름

썩은 식물체에 기생한다. 1993. 7. 10. 제주 망오름

꽃과 전년도 자방
1993. 7. 10. 제주 망오름

대흥란 군락 1993. 7. 10. 제주 망오름

난초아과 ORCHIDIOIDEAE

지네발란족 Sarcantheae

풍란속 / 지네발란속 / 금산자주난초속 /
제주난초속 / 나도풍란속

지네발란의 구조

풍란(꼬리난초)

Neofinetia falcata **(Thunberg) Hu**

日 Fû-ran(風蘭)　　　　中 風蘭, 弔蘭

　상록수림의 나무나 바위에 붙어서 자라는 다소 소형의 상록성 착생종. 뿌리는 끈 모양으로 가늘며 길게 사방으로 벋는다. 줄기는 다소 속생(束生)하고 짧으며 혁질의 엽초에 빽빽하게 싸인다. 잎은 길이 5~10cm, 너비 0.6~0.8cm로 육질이며 단단하고 넓은 선형이고 굽어 벌어지기 때문에 뒷면에 V자형으로 날카로운 모서리가 있으며 끝은 둔하고 기부에 관절(關節)이 있다. 포는 길이 0.4~0.7cm로 선상 피침형이다. 화경은 길이 3~10cm로 아래의 엽액에서 나온다. 꽃은 백색으로 5월 하순~6월 중순에 2~5개가 총상 화서에 달리며 향기가 좋다. 환경부에서 특정 야생 식물 제 32호로 지정, 보호하고 있다.

＊ 종소명 '*falcata*'는 라틴 어 '낫 모양의'의 뜻으로 꽃의 형태에서 유래하며, 국명은 뿌리의 생태가 호기성(好氣性)인 데 연유한다. '나도풍란(대엽풍란)'에 비하여 잎이 소형인 데서 '소엽풍란'이라 부른다.

분 포 제주의 저지대 및 추자 군도, 남해 도서(전남 흑산 군도·진도 군도·완도 군도·거문도·돌산도, 경남 남해도·욕지도·거제도), 남해안(경남 통영) 등지에 자생하나 멸종 위기에 있다. 일본, 중국, 타이완 등지의 난대에 분포하는 동아시아 특산종이다.

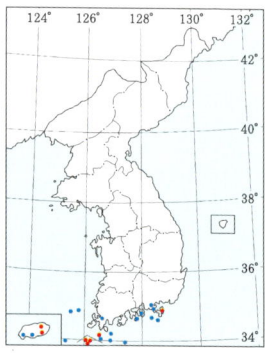

나무나 바위에 착생 1993. 7. 8. 재배품

거(距)가 매우 발달한다. 1993. 7. 8. 재배품

꽃이 총상 화서를 이룬다. 1993. 7. 8. 재배품

지네발란 (지네란)

Sarcanthus scolopendrifolius Makino
= *Cleisostoma scolopendrifolium* (Makino) Garay
🇯 Mukade-ran(百足蘭)　　🇨 蜈蚣蘭

양지바른 암벽이나 나무에 붙어서 자라는 상록성 착생종. 줄기는 단단하고 가늘며 길게 기어서 드문드문 분지하고 곳곳에서 굵은 뿌리가 나온다. 잎은 좌우 2줄로 호생하고 길이 0.6~1cm로 검상(劍狀) 피침형이며 두꺼운 혁질이고 끝이 둔하고 표면에 홈이 있다. 포는 소형으로 1~2개이며 삼각형이다. 꽃은 담홍색으로 7월 하순~8월 하순에 화경 옆에서 줄기를 감싸서 엽초를 뚫고 나와 길이 0.2~0.3cm의 짧은 화병(花柄) 모양으로 1개씩 달린다.

* 종소명 '*scolopendrifolius*'는 그리스 어 '지네(scolopendra)'와 '잎(folius)'의 합성어로 전체의 형태가 지네와 흡사한 데서 유래하며, 국명은 길게 기는 줄기에 잎과 뿌리가 착생된 모양을 지네의 발에 비유하여 붙여졌다.

❦ **분 포** 제주의 저지대, 전남 남해 도서(진도·접도·완도·보길도·동래도), 전남(유달산·나주·해남 토말·두륜산·달마산·강진 석문산) 등지에 희귀하게 자생한다. 일본, 중국 등지의 난대에 희귀하게 분포하는 동아시아 특산의 남방계 식물이다.

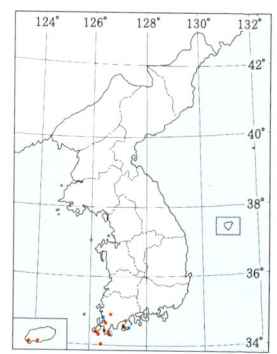

① ② ③ ④ ⑤ ⑥ **⑦ ⑧** ⑨ ⑩ ⑪ ⑫

나무나 바위에 착생 1987. 8. 1. 제주 산방산 ▶

화경에 1개의 꽃이 정생한다. 1987. 8. 1. 제주 산방산

소나무에 착생 1996. 8. 5. 제주 산방산

전체 모양이 지네와 흡사하다. ▶
1996. 8. 5. 제주 산방산

금산자주난초(금자란)

Gastrochilus matsuran (Makino) Schlechter
= ***Saccolabium matsuran*** Makino

日 Beni-kayaran(紅榧蘭), Matsu-ran(松蘭)

비자나무나 단풍나무에 붙어서 자라는 소형의 상록성 착생종. 줄기는 가늘고 길이 1~3cm로 마디가 많고 옆에서 다수의 다소 굵은 녹백색의 실 모양 뿌리가 물체에 붙는다. 잎은 2줄로 빽빽하게 호생하고 길이 0.7~2cm, 너비 0.3~0.5cm로 좁은 장타원형~선상 타원형이며 두꺼운 육질이고 밑으로 다소 굽으며 끝이 둔하고 자주색의 반점이 있는데 때로 뒷면은 진한 자줏빛을 띠며 중륵은 잎 표면에서는 오목하게 들어가고 뒷면에서는 융기한다. 포는 길이 0.05~0.1cm로 삼각형이고 끝이 뾰족하다. 화경은 길이 0.8~1cm로 엽액에서 나오며 2개의 인편엽이 있다. 꽃은 담황록색 바탕에 가는 자주색 반점이 있고 5월 중순~6월 중순에 1~4개가 달린다.

⊗ **민금산자주난초**(for. *epunctatus*) : 전체에 자주색 반점이 없다.

✱ 종소명 '*matsuran*'은 '松蘭(송란)'의 일본음으로 소나무 숲이 많은 곳에서 자생하는 데서 유래하며, 국명은 채집지 경남 금산의 지명과 잎·꽃에 자주색 반점이 있는 데 연유한다.

🌱 **분 포** 제주(서귀포 선돌·돈내코·거린사슴·남성대, 동남제주 논고악·수악, 동북제주 비자림), 전남(해남), 경남(남해도 금산) 등지에 극히 희귀하게 자생한다. 일본, 타이완 등지의 난대에 국한하여 분포하는 동아시아 특산의 대표적인 남방계 식물이다.

① ② ③ ④ **5** **6** ⑦ ⑧ ⑨ ⑩ ⑪ ⑫

나무에 붙어서 자생 1993. 6. 14. 제주 논고악 ▶

잎과 순판에 자주색 반점이 있다. 1994. 6. 16. 제주 논고악

단풍나무에 자생 1993. 6. 14. 제주 논고악

탐라란〔신칭〕

Gastrochilus japonicus (Makino) Schlechter
= ***Saccolabium japonicum*** Makino
🇯 Kashinoki-ran(樫の木蘭)

나무나 바위에 붙어서 자라는 다소 소형의 상록성 착생종. 가는 기근(氣根)이 뭉쳐진 것처럼 뒤쪽으로 자라서 몸을 지탱한다. 줄기는 길이 1~4cm로 짧으며 끝이 비스듬히 올라간다. 잎은 5~15개가 2줄로 호생하고 길이 3~8cm, 너비 0.6~1.5cm로 좁은 장타원형~도피침형이며 혁질이고 약간 굽으며 녹색으로 자주색의 반점은 없으며 끝이 둔하거나 다소 뾰족하고 중륵은 뒷면으로 돌출하며 기부는 점차 가늘어지고 짧은 엽초에서 관절한다. 포는 길이 0.1~0.2cm로 삼각형이다. 꽃은 담황색으로 6월 중순~7월 상순에 엽액에서 나와 길이 1~3cm의 총상 화서에 4~10개가 달려 벌어진다.

* 종소명 '*japonicus*'는 타입 표본의 산지를 나타내는 '일본산'을 뜻하며, 국명은 최초 채집지가 제주인 데서 '제주난초'와 구별하기 위하여 필자가 명명하였다.

🌱 분 포 제주 고유 분포종으로 제주 한라산 남쪽(동남제주 신례리)에 극히 희귀하게 자생한다. 일본, 타이완 등지의 난대에 국한하여 분포하는 동아시아 특산의 희귀한 남방계 식물이다.

① ② ③ ④ ⑤ **⑥ ⑦** ⑧ ⑨ ⑩ ⑪ ⑫

나무에 붙어서 자생 1994. 6. 25. 제주 남제주 ▶

꽃이 벌어진다. 1993. 6. 27. 제주 남제주

제주난초(비자란)

Sarcochilus japonicus (Reichenbach fil.) **Miquel**
= ***Thrixspermum japonicum*** (Miquel) **Reichenbach fil.**

日 Kaya-ran(榧蘭)　　　　　中 小葉白點蘭

　나무에서 자라는 소형의 상록성 착생종. 기근은 줄기의 가운데 이하에서 나오며 가늘고 길다. 줄기는 가늘며 길이 3~10cm로 엽초에 싸여 있다. 잎은 10~20개가 좌우 2줄로 호생하고 길이 2~4cm, 너비 0.4~0.6cm로 선상 장타원형~피침형이며 끝이 둔하지만 희미하게 튀어나오고 기부는 가늘어져 엽초에서 관절한다. 화경은 가늘며 가운데에 작은 인편엽 1개가 있다. 꽃은 담황색으로 4월 하순~5월 하순에 2~5개가 길이 2~4cm의 가는 화병 끝에 달린다.

* 종소명 '*japonicus*'는 타입 표본의 산지를 나타내는 '일본산'을 뜻하며, 국명은 최초 채집지인 제주의 지명에 연유한다. 제주에서는 '비자란'으로 부르지만 남해도에서도 '금산자주난초'를 '비자란'으로 부르므로 '제주난초'로 이름붙여졌다.

❀ 분 포　제주 고유 분포종으로 제주 한라산 남쪽(서귀포 돈내코·동남제주 수악)의 공중 습도가 높은 계곡에 극히 희귀하게 자생한다. 일본, 중국 등지의 난대에 희귀하게 분포하는 동아시아 특산의 남방계 식물이다.

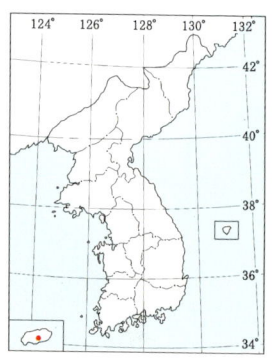

1 2 3 **4 5** 6 7 8 9 10 11 12

나무에 착생 1994. 4. 30. 제주 돈내코 ▶

꽃이 화병 끝에 달린다. 1993. 5. 3. 제주 돈내코

자방 1994. 6. 25. 제주 돈내코

아래를 향하여 자란다. 1994. 4. 30. 제주 돈내코

나도풍란(노란나비난초)

Sedirea japonica (Lindenberg et Reichenbach fil.) Garay et Sweet
= **Aërides japonicum** Lindenberg et Reichenbach fil.
日 Nago-ran(名護蘭)

상록수림과 침엽수림의 나무나 바위에 붙어서 자라는 상록성 착생종. 기근은 굵고 다수가 길게 자란다. 줄기는 짧게 비스듬히 올라가고 마디 사이가 좁아져 2~6개의 잎이 좌우 2줄로 호생한다. 잎은 길이 8~15cm, 너비 1.5~2.5cm로 좁은 장타원형이며 두꺼운 육질이지만 다소 부드럽고 표면의 맥은 들어가며 끝이 둔하거나 다소 들어간다. 포는 길이 0.4~0.6cm, 너비 약 0.3cm로 난형~삼각형이며 끝이 둔하다. 꽃은 담녹색을 띤 백색으로 7월 하순~8월 중순에 4~10개가 길이 5~20cm의 총상화서에 비스듬히 밑으로 처져 달리며 향기가 있다. 환경부에서 특정 야생 식물 제 33호로 지정, 보호하고 있다.

* 종소명 'japonica'는 타입 표본의 산지를 나타내는 '일본산'을 뜻하며, 국명은 잎이 2줄로 된 형태가 '풍란'과 비슷한 데 연유한다. '풍란'에 비하여 잎이 대형이므로 난초 애호가들은 '대엽풍란'이라 부른다.

분 포 제주의 저지대(비자림·천지연 폭포), 남해 도서(대흑산도·소흑산도·홍도·진도·보길도·남해도·거제도), 전남(해남) 등지에 자생하나 무분별한 채취로 멸종 위기에 있다. 일본, 타이완, 중국 등지의 난대에 분포하는 동아시아 특산의 남방계 식물이다.

1 2 3 4 5 6 7 8 9 10 11 12

나무나 바위에 착생 1993. 7. 30. 제주 비자림

꽃이 총상 화서를 이룬다. 1993. 7. 30. 제주 비자림

비자나무에 이식하여 개화 1993. 8. 18. 제주 비자림

꽃이 피면 향기가 있다. 1991. 7. 22. 재배품 (김수남)

제주방울난초

Habenaria chejuensis Y. Lee & K. Lee

저지대의 풀밭이나 숲 속에서 자라는 낙엽성 지생종. 지하에 길이 약 2cm, 너비 약 1cm의 굵은 원기둥 모양의 신구(新球)와 구구(舊球) 2개와 길이 4~5cm인 철사 모양의 뿌리가 5~6개 있다. 줄기는 녹색이며 높이 15~22cm로 직립한다. 잎은 길이 4~8cm, 너비 2~2.5cm로 2~4개가 접해서 호생하며, 기부에는 잎자루가 없고 광택이 있으며 수개의 능선이 있고 끝은 둔하거나 약간 뾰족하다. 포엽은 피침형으로 길이 1.5~2.8cm, 너비 0.3~0.8cm이며 위로 갈수록 점차 작아지고 끝은 매우 뾰족하다. 꽃은 10~20개의 수상 화서로 붙어 8월 중순~9월 중순에 담황록색으로 핀다. 자방까지의 길이는 1.4cm 이하이며 만개시 꽃의 지름은 0.3~0.7cm에 달하지만 개체에 따라서 크고 작은 차이가 있다.

* 종소명 '*chejuensis*'는 '제주도산'이라는 의미로 기준 표본의 채집지에 연유하며, 1997년 1월 한라산의 서쪽 산록에서 자생을 확인하였다.

❦ **분포** 제주의 저지대(남제주군 대정)에 희귀하게 소수가 자생하는 한국 특산종인 동시에 제주 특산종이다.

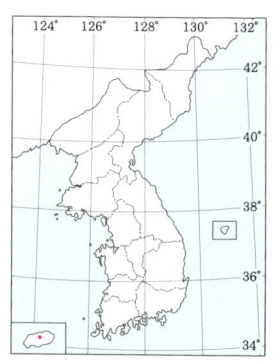

풀밭이나 숲 속에서 자생 1997. 8. 29. 제주 남제주 ▶

측악편과 측화판이 붙는다. 1997. 8. 29. 제주 남제주

자방 1997. 8. 29. 제주 남제주

꽃이 담녹색으로 작다. 1997. 8. 29. 제주 남제주

너도제비란

Ponerorchis joo-iokiana (Makino) F. Maekawa
= ***Orchis joo-iokiana*** Makino
日 Nyohô-chidori(女峰千鳥)

아고산의 양지바른 풀밭에서 자라는 낙엽성 지생종. 뿌리는 공 모양으로 비후한 것과 소수의 가는 것이 있다. 줄기는 가늘고 길며 높이 10~30cm로 직립한다. 잎은 1~3개가 길이 5~10cm, 너비 0.6~2cm의 좁은 장타원형~피침형으로 호생하고 끝은 뾰족하며 하부는 줄기를 감싸서 초(鞘)모양으로 된다. 포는 피침형으로 자방보다 길고 끝은 매우 뾰족하다. 꽃은 수상화서로 6월 하순~7월 하순에 4~8개가 다소 한쪽을 향하여 홍자색으로 핀다. 때로 백색 꽃으로 피는 것을 흰너도제비란(for. *albiflora*)이라 한다.

* 종소명 '*joo-iokiana*'는 1900년 7월 당시 서울의 고등 법원 원장인 일본의 'joo Kazuma(域數馬)'와 식물 화가인 'Ioki Bunsai(五百木文哉)' 두 사람이 최초로 채집한 것을 기념하기 위한 헌명이다. 국명은 우리말의 '나도~'와 동일한 의미인 '~와 비슷한'의 의미로 '제비난초'와 비슷한 데 연유한다.

분 포 북부 고산(평북 낭림산・노봉・묘향산, 함남(북수백산・두류산・대덕산) 함북(백두산・관모봉)에 매우 희귀하게 자생한다. 일본에 국한되어 분포하는 북방계 식물이다.

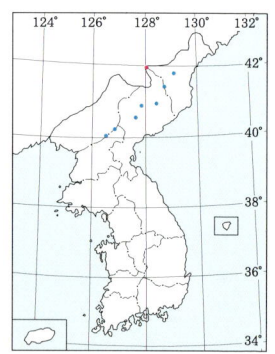

양지바른 풀밭에서 자생 1997. 7. 10. 백두산 ▶

꽃이 아름답다. 1997. 7. 10. 백두산

자방 1997. 7. 29. 백두산 (김수남)

꽃이 지면 마른 화피편이 남는다. 1997. 7. 29. 백두산 (김수남)

꽃이 한쪽을 향해서 핀다. 1997. 7. 10. 백두산

부록

용어 해설
한국산 난초과 미기록 종의 고찰
한국산 난초과의 목록 및 특징
환경부 지정 특정 야생 식물 목록
한국명 찾아보기
학명 찾아보기
인명 해설
참고 문헌

□ ■ 용어 해설 □ ■

● **뿌리**

○ **기근**(氣根, 공기뿌리, aerial root) : 줄기에서 공기 중에 나와 있는 부정근(不定根)으로 대기 중의 수분 흡수와 식물체의 받침대 역할을 한다. 착생종인 '차걸이란·콩짜개란·혹난초·석곡·풍란·지네발란·거미란·탐라란·금산자주난초·제주난초·나도풍란' 등이 해당된다.

○ **괴근**(塊根, 덩이뿌리, tuber) : 저장근으로 뿌리 형태가 덩이 모양이다. 다육근이나 저장근을 포함한다.

○ **균근**(菌根, mycorrhiza) : 균류(菌類)와 공생하는 고등 식물의 뿌리. '난초과'의 경우 현재까지 알려져 있는 부생란에서는 모두 모균류(帽菌類)의 버섯['천마'에서는 아르밀라리아 멜레아 (*Armillaria mellea*)]이 공생균이며, 녹색의 잎이 있는 것은 모두 불완전 균류인 리조크토니아(rhizoktonia)와 관계 있다.

● **줄기**

○ **지하경**(地下莖, 땅속줄기, subterranean stem) : 지하를 수평으로 기어 자라는 줄기. 길게 옆으로 자라는 것과 마디 사이(節間)가 짧아서 덩이 같은 것이 있다. 잎은 비늘 모양으로 변태하고, 근경·괴경·구경·인경으로 구분한다.

○ **근경**(根莖, 뿌리줄기, rhizome, root stock) : 식물체 지하부의 총칭으로 보통 지하경과 정간(挺幹)을 포함하며, 지상이나 땅 속을 뿌리처럼 벋어 나간다.

○ **인경**(鱗莖, 비늘줄기, bulb) : 다육질의 잎에 둘러싸인 저장 기관의 짧은 지하경. 현저하게 짧은 인경을 주아(珠芽)라고 한다.

○ **위인경**(僞鱗莖, 헛비늘줄기, pseudobulb) : 다육질의 줄기로 보통 땅 속에 없다. 인경은 비늘잎이 다육화한 것이지만, 위인경은 비늘잎에 얇게 싸여 있는 것이 많다. 형태학적으로는 구경(球莖)에 가까우나, 위인경의 경우 편구형(扁球形)에서 거의 원주상의 것까지를 포함한다.

○ **구경**(球莖, 알줄기, corm) : 건조한 막질의 잎에 싸여 있는 다육질 또는 비늘 모양의 저장 기관의 줄기.

○ **위구경**(僞球莖, 헛알줄기, pseudocorm) : 구경과 비슷한 성질을 지닌 것으로 '난초과'에서 많이 나타난다. '비비추난초·이삭단엽란·혹난초·한라옥잠난초·옥잠난초·나나벌이난초·나리난초·새우난초·큰새우난초·금새우난초·약난초·두잎약난초·한라감자난초·혹난초·죽백란·녹화죽백란' 등이 해당된다.

- **화경**(花莖, 꽃줄기, scape) : 정단(頂端)에 꽃이 달리는 줄기로 보통엽이나 포엽(苞葉)이 없다.
- **가축 분지**(假軸分枝, sympodial branching) : 분지형(分枝型)의 하나로 주축(主軸) 대신 측축(側軸)이 벋는 것을 반복해 나가는 것이다. 다년초의 대부분이 이에 속하고, '난초과'는 주축이 화서로 되기 때문에 측축이 해마다 썩는 것(제비난초속・닭의난초속 등)과 주축이 짧게 벋어 자라 측축이 액생(腋生)하는 화서를 이루는 것(새우난초속・석곡속・보춘화속)이 있다.
- **단축 분지**(短軸分枝, monopodial branching) : 주축이 짧게 쭈그러들어 자라면서 분지하는 것으로 '지네발란족'(풍란・지네발란 등)에서 볼 수 있다.

● 잎
- **보통엽**(普通葉, leaf) : 주로 광합성, 호흡 및 증산 작용을 하는 기관으로 잎자루와 잎몸으로 이루어졌다. 일반적인 잎의 기능을 가진 잎몸이 발달한 것으로 비늘잎과 초상엽을 구별하는 기준이 된다.
- **엽신**(葉身, 잎몸, blade, lamia) : 잎의 넓은 부분이며, 잎자루를 제외한다.
- **엽병**(葉柄, 잎자루, petiole) : 잎의 일부로 잎몸을 줄기나 가지에 붙게 하는 자루 모양의 꼭지. 짧은 것과 긴 것, 튼튼한 것과 약한 것, 모가 진 것과 넓적한 것, 홈이 진 것 등이 있다.
- **엽초**(葉鞘, sheath) : 잎자루가 칼집 모양으로 되어 줄기를 싸고 있는 부분
- **초상**(鞘狀, sheathed, vaginate) : 칼집 모양으로 생긴 형상으로 '난초과'에서는 잎 전체가 초상이거나 잎자루가 초상인 것이 있다.
- **중륵**(中肋, midrib) : 잎몸의 중앙 기부 쪽에서 선단을 향하여 있는 커다란 맥으로 '자주사철란'에 뚜렷하다. 주맥(主脈, main vein)이라고도 한다.
- **사상**(絲狀, 실 모양, filiform) : 길고 매우 가늘어서 길이와 너비의 비율이 10 대 1 이하인 경우의 형태.
- **선형**(線形, linear) : 길고 좁으나 잎의 양측이 거의 평행을 이루며 길이와 너비의 비율이 5 대 1 에서 10 대 1 정도인 형태. '잠자리난초・씨눈난초・흰제비란・차걸이란・보춘화'의 잎이 해당된다.
- **장타원형**(長楕圓形, oblong) : 길이와 너비의 비율이 3 대 1 에서 2 대 1 사이이며, 긴 양 측면이 거의 평행을 이루는 형태. '병아리난초・개제비란・갈매기난초・닭의난초・은난초・꼬마은난초・비비추난초・새우난초・두잎약난초・혹난초・죽백란・금산자주난초'의 잎이 해당된다.
- **타원형**(楕圓形, elliptic) : 길이와 너비의 비율이 3 대 2 정도이며, 선단이 좁

아지는 형태. '애기제비란·섬사철란·옥잠난초·나리난초·녹화죽백란'의 잎이 해당된다.
- **광타원형**(廣楕圓形, oval) : 길이와 너비의 비율이 2 대 1 이상 되는 형태. '나도제비란·사철란·이삭단엽란·한라옥잠난초·나나벌이난초·금새우난초'의 잎이 해당된다.
- **원형**(圓形, orbicular) : 전체적으로 윤곽이 원형인 것을 말하지만 반드시 둥근 것은 아니다. '백운란·콩짜개란'의 잎이 해당된다.
- **침형**(針形, subulate) : 길이와 너비의 비율이 10 대 1 정도이나 선단으로 향하여 좁아지는 형태.
- **피침형**(披針形, lanceolate) : 길이와 너비의 비율이 6 대 1에서 3 대 1 정도로 선단으로 향하여 좁아지는 형태. '한라감자난초·석곡·지네발란·제주난초'의 잎이 해당된다.
- **도피침형**(倒披針形, oblanceolate) : 피침형과 같지만 기준이 되는 위치가 역(逆)인 경우로, 피침형이 기부에서 엽선(葉線)으로 향한 상태이면 도피침형은 엽선에서 기부를 향한 형태이다. '방울새란·탐라란'의 잎이 해당된다.
- **난형**(卵形, ovate) : 중앙에서 기부 쪽이 가장 넓으며, 길이와 너비의 비율이 2 대 1에서 3 대 2 정도인 형태이다. '애기사철란·자주사철란·붉은사철란·흑난초'의 잎이 해당된다.
- **도란형**(倒卵形, obovate) : 달걀을 거꾸로 세운 형상.
- **예두**(銳頭, acute) : 선단이 예각형(銳角形)으로 뾰족하지만 꼬리가 길지 않은 형태.
- **예첨두**(銳尖頭, acuminate) : 선단이 점차적으로 뾰족해져서 꼬리와 비슷한 형태.
- **둔두**(鈍頭, obtuse) : 선단이 완만하게 둥근 형태로 양쪽 가장자리가 90° 이상의 각도로 합쳐져 있다.
- **원두**(圓頭, roundate) : 선단이 둥근 형태.
- **요두**(凹頭, emarginate) : 선단이 팬 형태.
- **엽연**(葉緣, leaf margin) : 잎의 가장자리.
- **반곡**(反曲, revolute) : 뒤 또는 밑으로 젖혀진 것.
- **전연**(全緣, entire) : 잎 가장자리에 톱니가 없고 밋밋한 형태.
- **파상**(波狀, repand, undulate) : 잎 가장자리가 밋밋하며 물결 모양으로 기복이 있는 형태.

- **거치**(鋸齒, 톱니, dentate, serrate) : 잎 가장자리가 톱니 모양이지만 끝은 날카롭지 않다. 보통의 단자엽 식물의 잎몸 가장자리는 전연(全緣)이며, '난초과'도 예외는 아니어서 거치가 있는 것은 거의 없다.
- **포**(苞, 포엽, bract) : 꽃자루의 기부에 비늘 모양이나 잎 모양으로 형성되는 고도로 변태한 잎. 꽃이나 싹을 보호하며, 보통 가늘고 짧다.
- **인편엽**(鱗片葉, 비늘잎, chaff, pale) : 잎이 작고 비늘 모양으로 변화한 것으로 '난초과'에서는 보통 지하경에 붙어 있다.
- **평활**(平滑, glabrous) : 매끈한 것으로 특히 털이 없는 것.
- **막질**(膜質, membranous) : 얇은 종이같이 반투명한 상태.
- **육질**(肉質, fleshy) : 살 같은 성질, 또는 그러한 질.
- **납질**(蠟質, waxy) : 초를 바른 것 같은 상태.

● **생식 기관**

- **화피**(花被, perianth) : 악(萼)과 화판(花瓣)의 복합적인 용어로 보통의 꽃을 말한다. '난초과'에서는 기본적으로 악이 3개, 화판이 3개이며, 각각의 1개를 화피편(花被片)이라 한다.
- **악**(萼, 꽃받침, calyx) : 악편(萼片)의 복합어로 꽃의 가장 바깥쪽에 있으며 화판과 함께 화피를 이룬다. 보통 녹색이며, '난초과'에서는 기본적으로 3개로 구성되며 매우 다양하다.
- **악편**(萼片, 꽃받침조각, sepal) : 악을 형성하는 부분으로 꽃의 가장 바깥쪽에 있으며, 보통 녹색이나 화판같이 색소를 함유하는 경우도 있다.
- **측악편**(側萼片, lateral sepal) : 좌우 상칭의 꽃에서 세로줄을 중앙으로 한 경우 좌우에 있는 각각의 악편을 말한다. '난초과'의 경우 악편 3개 중 좌우에 있는 2개가 이에 해당한다.
- **배악편**(背萼片, dorsal sepal) : '난초과'의 경우 3개의 악편 중 1개로 순판의 반대쪽에 있다. 보통 180° 회전하므로 상위에 있는 것이 많아 상악편(上萼片, upper sepal)이라고 한다. 또 좌우 상칭의 세로 중심선에 있기 때문에 중앙악편(中央萼片, middle sepal)으로도 부른다.
- **화판**(花瓣, 꽃잎, petal) : 화관(花冠)을 구성하는 각 조각으로 악편의 안쪽에 있다. 종 생육 환경에 따라 그 수가 일정하지 않거나 일정한데, 대부분은 측화판 2개와 순판 1개가 있다.
- **측화판**(側花瓣, lateral petal) : 측악편처럼 좌우에 있는 2개의 화판으로 난초과에서는 순판을 제외한 것이 측화판에 해당된다.

- **순판**(脣瓣, lip, labellum) : '난초과'의 경우 3개의 화판 중 1개로 보통 다른 2개보다 크며 종류에 따라서는 모양에 특징이 있다. 좌우 상칭화로 이와 비슷한 모양의 화판에서도 사용된다.
- **화서**(花序, inflorescence) : 꽃의 화축(花軸)에 대한 배열 상태.
- **유한 화서**(有限花序, determinate inflorescence) : 화축의 정아(頂芽)가 꽃이 되어 가장 먼저 피기 때문에 화축의 생장은 정화(頂花)의 개화와 더불어 중단된다. 정점(頂點)에서부터 하부를 향해 개화하며, 취산 화서(聚繖花序)·배상 화서(杯狀花序) 등이 해당된다.
- **무한 화서**(無限花序, indeterminate inflorescence) : 화축의 정아가 계속 생장하여 꽃이 하부에서 정상을 향하여 개화하는 화서. 총상 화서(總狀花序)·수상 화서(穗狀花序)·산방 화서(散房花序)·산형 화서(繖形花序)·원추 화서(圓錐花序) 등이 해당된다.
- **단정 화서**(單頂花序, solitary) : 가지 끝에 1개의 꽃이 달리는 화서.
- **총상 화서**(總狀花序, raceme) : 무한 화서의 일종으로 거의 길이가 같은 소화병(小花柄)을 지닌 꽃이 화축의 아래에서 위의 순서로 개화한다. '난초과'의 대부분이 이에 속하며 소화병을 지닌 것은 수상 화서이다. '잠자리난초·으름난초·천마·무엽란·제주무엽란·비비추난초·흑난초·나나벌이난초·나리난초·여름새우란·큰새우난초·약난초·한라감자난초·한란·풍란·탐라란·나도풍란' 등이 해당된다.
- **수상 화서**(穗狀花序, spike) : 길고 가느다란 화서 축에 꽃자루가 없는 꽃이 달린 무한 화서의 일종으로 '나도잠자리란·씨눈난초·산제비란·애기제비란·흰제비란·애기천마·타래난초·금난초·은난초·백운란' 등이 해당된다.
- **액생**(腋生, axillary) : 잎겨드랑이에서 꽃이 피는 것으로 화서가 되지는 않는다.
- **화병**(花柄, 꽃자루, peduncle) : 화서 또는 단생화(單生花)의 자루로 꽃자루 없이 직접 붙는 것도 있다. 과실이 성숙하여 잔류하는 경우에는 과경(果梗)이라 한다.
- **소화병**(小花柄, pedicel) : 화서를 이루는 꽃의 자루(대).
- **웅예군**(雄蕊群, androecium) : 수술로 이루어진 부분의 복합적인 용어로 꽃의 웅성 부분이며, 화피의 내측에 있다.
- **수술**(stamen) : 화분을 생성하는 생식에 직접 관계되는 부분으로 보통 약(葯)과 화사로 구분되며, 한 꽃의 수술을 총칭하여 웅예군이라 한다.

- **가웅예**(假雄蕊, staminode) : 불임성의 수술로서 보통 약이 발달하지 않아 화분이 생성되지 않으며, 퇴화 기관으로 존재한다. '잠자리난초속'과 '제비난초속' 등은 확실하지만, 예주(蕊柱)의 돌기체에서 가웅예인지를 외관에서는 판정하기 어려운 것도 있다.
- **예주**(蕊柱, gynostemium, gynostegium) : 수술과 암술이 융합된 복합체로 고도의 특수 기관이며, '박주가리(*Metaplex japonica*)'나 '난초과'의 특징이다.
- **약**(葯, anther) : 웅예의 일부분으로 상부에 있는 화분이 형성되는 기관이다. '난초과'의 경우 약의 조직은 약모와 화분만으로 이루어진다.
- **약격**(葯隔, connective) : 좌우의 두 약실(화분낭)을 연결하는 조직으로 이분하는 약의 접합부이다. '난초과'에서는 '잠자리난초속'처럼 현저하게 약격이 보이는 것도 있다.
- **약상**(葯床, clinandrium) : 예주의 일부분. 화분괴가 올라가 있는 부분이다.
- **약실**(葯室, loculus, locule) : 약격으로 이분되는 반약은 2개의 실(室)로 이루어지는데, 이 각각의 실을 말한다.
- **약모**(葯帽, anther cap, operculum) : 화분괴의 외측을 감싸는 것으로 빨리 떨어지는 성질을 가진 덮개 모양의 상자이다.
- **화사**(花絲, filament) : 수술의 일부로 보통 실 모양이며, 기부는 화상에 부착되어 약을 지지하고 있고, 화사의 일부가 화판과 합착하는 경우도 있다. 형태상 중요한 분류 형질이 되는 경우도 있다.
- **자예군**(雌蕊群, gynoecium) : 심피 또는 암술의 복합적인 용어로 꽃의 구조상 최내부 측에 있다. 1~다수의 심피가 융합 또는 유리(遊離) 상태로 있는 중요한 분류 형질이다.
- **암술**(pistil) : 1~다수의 심피로 형성되며, 보통 주두·화주 및 자방으로 구분된다. 하나의 꽃의 암술을 총칭하여 자예군이라 한다.
- **화주**(花柱, style) : 주두와 자방 사이의 원주상 조직으로 분류군에 따라 형태 및 수가 다양하며, 주요 분류 형질이다.
- **배주**(胚珠, ovule) : 종자로 발달하는 자방 내의 구조로 1~다수가 함유되어 있으며, 1~2겹의 주피로 싸여 있다.
- **주두**(柱頭, stigma) : 화분을 받아 발아하는 화주의 일부로 보통 선단부이며 자예의 선단에서 화분을 받는 부분이다. '난초과'의 대부분은 예주의 복부에 있고, 소취체(주두 열편의 한 개)의 아래에 위치한다.
- **태좌**(胎座, placenta) : 배주가 자방벽에 부착되는 부위로 자예군을 이루는 심

피의 수는 태좌로서 쉽게 알 수 있다.
- **태좌위**(胎座位, placentation) : 자방의 태좌 위치를 말하며, 배주의 부착 및 배열 상태를 나타낸다.
- **심피**(心皮 : carpel) : 엽상 구조로서의 암술의 일부를 말하며, 꽃의 구조상 최내부 측이고 1~다수의 배주를 함유한다. 대포자엽에서 퇴행적으로 진화한 것으로 해석된다.
- **화분괴**(花粉塊, pollinium) : 여러 개의 화분(花粉)이 결합한 상태로 특히 '난초과'와 '박주가리과'의 주요 특징이다.
- **분질 화분괴**(粉質花粉塊, granular pollinium) : 화분괴를 누르면 산산이 부서지기 쉬운 것으로 '나비난초족·애기무엽란족'과 '난초족' 중 '자란'에서 보인다. 다수의 작은 덩어리를 만든 것을 소괴상(小塊狀, sectile)이라고 하며, 화분기에서는 납질로의 이행형(移行型)이라고 생각된다.
- **납질 화분괴**(蠟質花粉塊, waxy pollinium, cartilaginous pollinium) : 화분괴 형질의 하나로 단단한 표면에 광택이 있고 눌러도 잘 흩어지지 않는다. '난초족'의 대부분이 해당되며, 화분괴 중 진화의 단계가 높은 것이다.
- **거**(距, spur) : 화관이나 악의 돌출부로 '난초과'에서는 보통 순판의 기부에서 튀어나온 것을 말한다. 속이 비어 있고 내부에 밀선(蜜腺)이 있으며 충매(蟲媒)의 특성과 밀접한 관계가 있다. '잠자리난초·손바닥난초·나도제비란·병아리난초·나도잠자리란·산제비란·애기제비란·갈매기난초·흰제비란·은난초·꼬마은난초·은대난초·비비추난초·새우난초·큰새우난초·금새우난초·풍란·지네발란·금산자주난초·나도풍란' 등이 해당된다.
- **악**(顎, mentum) : '난초과'의 경우 꽃의 기부가 턱처럼 튀어나와 예주(蕊柱)의 연하부(延下部)와 함께 측악편의 기부 등에 형성된 부분. '석곡·한라천마'에서 볼 수 있다.
- **자방**(子房, ovary) : 자예(雌蕊)의 팽창한 기부로 배주(胚珠)를 함유한다. 보통 꽃의 다른 부분과 융합하여 과실로 발달한다. 분류군에 따라서 구성 심피(心皮)의 수와 자방실(子房室)의 수가 다르며 주요 분류 형질이 된다.
- **삭과**(蒴果, capsule) : 2개 내지 여러 개의 심피(心皮)에서 유래한 과실로 심피의 수만큼 과피(果皮)가 세로로 갈라진다. '난초과'와 더불어 '제비꽃과·괭이밥과·백합과·쥐손이풀과' 등이 해당된다.

한국산 난초과 미기록 종의 고찰

난초과 신종(新種) 1종과, 외국(주로 일본과 중국 등의 동아시아)에는 분포하지만 우리 나라에는 미발표된 7속 7종의 국명(필자가 명명) 및 그 검색표는 다음과 같다.

1. 한라천마(*Gastrodia verrucosa*) 종의 검색표

- 줄기 높이 60~100cm, 꽃은 6월 중순~8월 중순에 다수가 빽빽이 붙어 피며, 길이 0.7~1.2cm이다. 소화병은 꽃이 핀 후에는 자라지 않으며 자방보다 짧다.
 ─────────────────────────────────천마
- 줄기 높이 3.5~10cm, 꽃은 9월 하순~10월 상순에 보통 2~5개가 피며, 길이 약 2cm이다. 화병은 꽃이 핀 후에도 현저하게 자라 길이 약 50cm에 달한다.
 ─────────────────────────────────한라천마

● 천마

● 한라천마

2. 제주무엽란(*Lecanorchis kiusiana*) 종의 검색표

- 줄기 높이 20~40cm, 꽃은 담황갈색을 띠며 6월 상순~7월 상순에 벌어져 피고, 순판은 길이 약 2.2cm로 가장자리 양쪽이 자주색을 띠며 중앙에 황색의 털이 돌출한다. 예주는 길이 약 1.3cm이다. 자방은 녹황색으로 길이 2.5~4cm이며 성숙하면 비스듬해진다. ──────────────────────────────무엽란
- 줄기 높이 10~20cm, 꽃은 백색이며 6월 중순~7월 상순에 반쯤 벌어져 피고, 순판은 길이 약 1.3cm로 가장자리 양쪽이 백색을 띠며 중앙에 자주색 털이 돌출한다. 예주는 길이 약 0.8cm이다. 자방은 자갈색으로 길이 약 2cm이며 성숙하면 직립한다. ──────────────────────────────제주무엽란

● 무엽란

● 제주무엽란

3. 김의난초(*Cephalanthera longifolia*) 종의 검색표

■ 줄기 높이 30~50cm, 잎은 좁은 장타원형이며, 포는 아래의 1~2개가 보통 화서보다 길다. 꽃은 5월 상순~6월 중순에 피며 벌어지지 않는다. ─── 은대난초
■ 줄기 높이 50~70cm, 잎은 피침형 또는 난상 피침형이며, 포는 아랫부분의 것 1개가 꽃보다 길고 윗부분의 것은 왜소하여 자방보다 짧다. 꽃은 4월 하순~5월 중순에 다소 벌어져 핀다. ─── 김의난초

● 은대난초

● 김의난초

4. 한국사철란(*Goodyera coreana*) 종의 검색표

- 고산의 침엽수림 밑에서 자생한다. 근경은 짧고 크며, 줄기는 높이 10~20cm, 잎은 길이 1~3cm로 끝이 다소 둔하다. 포는 끝이 날카롭고 자방에 달라붙으며 꽃보다 길다. 꽃은 백색 바탕에 갈색을 띠며 7월 중순~8월 중순에 5~12개가 핀다. ─────────────────────────────────애기사철란
- 낙엽수림 밑의 다소 습한 곳에서 자생한다. 근경은 없으며, 줄기는 높이 20~40cm, 잎은 길이 3~5cm로 끝이 뾰족하다. 포는 끝이 날카롭게 뾰족하고 자방과 길이가 비슷하다. 꽃은 갈색 바탕에 백색을 띠며 7월에 10~24개가 수상화서에 달린다. ─────────────────────────한국사철란

● 애기사철란

● 한국사철란

5. 한라옥잠난초(*Liparis auriculata*) 종의 검색표

- 꽃은 담녹색 또는 자주색, 악편은 장타원형으로 끝이 둔하고, 순판은 밖으로 말려서 뒤로 젖혀지며 기부에 경점이 없다. 잎은 타원형~장타원형으로 끝이 둔하고 윗면이 평평하다. ──────────────────────옥잠난초
- 꽃은 담황록색, 악편은 선상 장타원형으로 끝이 뾰족하고, 순판은 다소 직립하며 기부에 2경점이 있다. 잎은 넓은 난형~난상 원형으로 끝이 급히 뾰족하며, 맥이 윗면으로 융기한다. ──────────────────한라옥잠난초

● 옥잠난초

● 한라옥잠난초

6. 한라감자난초(*Oreorchis coreana*) 종의 검색표

- 측화판은 배악편과 다소 떨어지며 피침형이고 끝이 뾰족하며, 순판의 가장자리가 깊게 갈라진다. 꽃은 5월 상순~6월 하순에 피며, 제주도를 제외한 전국 각처에 분포한다. ──────────────────────────────────감자난초
- 측화판은 배악편과 다소 붙으며 긴 난형이고 끝이 둔하거나 둥글며, 순판의 가장자리가 밋밋하다. 꽃은 6월 중순~7월 중순에 피며, 제주도에 분포한다. ──────────────────────────────────한라감자난초

● 감자난초　　　　　　　　　● 한라감자난초

7. 구화란(*Cymbidium faberi*) 종의 검색표

- 잎의 가장자리에 톱니가 있으며, 꽃은 3월 중순~5월 상순에 직립하여 화경 끝에 1개 핀다. ——————————————————————— 보춘화
- 꽃은 4월 상순~5월 상순에 화경에 12~18개가 핀다. ——————— 구화란
- 잎의 가장자리에 톱니가 없으며, 꽃은 10월 중순~11월 중순에 화경에 5~13(18)개가 핀다. ———————————————————————— 한란

● 보춘화

● 한란

● 구화란

8. 탐라란(*Gastrochilus japonicus*) 종의 검색표

- 잎은 길이 0.7~2cm, 너비 0.3~0.5cm로 끝이 약간 뾰족하고 자주색 반점이 있다. 꽃은 담황록색 바탕에 가는 자주색 반점이 있고 5월 중순~6월 중순에 1~4개가 달리며, 화판은 장타원형이다. ─────────────── 금산자주난초
- 잎은 길이 3~8cm, 너비 0.6~1.5cm로 끝이 둔하거나 다소 뾰족하고 자주색 반점이 없다. 꽃은 담황색으로 6월 중순~7월 상순에 4~10개가 달리며, 화판은 도피침상 장타원형이다. ─────────────── 탐라란

● 금산자주난초

● 탐라란

한국산 난초과의 목록 및 특징

종 명	속 명	생태 구분				분 포 지	화기(월)	특정식물지정
		낙엽 지생	상록 생	무엽 부생	상록 착생			
개불알꽃	개불알꽃	*				북부, 중부, 남부	5~6	
큰개불알꽃	〃	*				북부	5~6	
털개불알꽃	〃	*				한반도(고산)	5~7	
광릉요강꽃	〃	*				중부	4~5	40호
해오라비난초	잠자리난초	*				한반도	7~8	41호
잠자리난초	〃	*				전국	7~9	
방울난초	방울난초	*				제주	9~10	
손바닥난초	손바닥난초	*				전국	6~8	
주름제비란	〃	*				북부, 중부	5~8	
구름병아리난초	구름병아리난초	*				한반도	7~9	
나도제비란	나도제비란	*				전국	5~6	42호
북방나비난초	북방나비난초	*				북부	7~8	
나비난초	나비난초	*				북부, 중부	6~7	
너도제비란	〃	*				북부	6~7	
병아리난초	병아리난초	*				전국	6~8	
나도잠자리란	나도잠자리란	*				〃	7~8	
큰나도잠자리란	〃	*				한반도	6~8	
개제비란	개제비란	*				북부, 남부, 제주	5~8	
포태제비란	〃	*				북부(고산)	6~8	
씨눈난초	씨눈난초	*				전국	7~8	
나도씨눈란	〃	*				한반도	7~8	
한라잠자리란	제비난초	*				제주	6~7	
큰제비란	〃	*				한반도	6~7	
구름제비란	〃	*				북부(고산)	7~8	
산제비란	〃	*				전국	5~8	

종 명	속 명	생태 구분					분 포 지	화기 (월)	특정식물지정
		낙엽지	상록생	무엽부생	무엽착생	상록생			
애기제비란	제비난초	*					중부, 제주	7~8	
제비난초	〃	*					한반도	6~7	
갈매기난초	〃	*					제주, 남부	5~7	
흰제비란	〃	*					전국	6~8	
으름난초	으름난초			*			제주	6~7	43호
천마	천마			*			전국	6~8	30호
한라천마	〃			*			제주	9~10	
유령란	유령란			*			북부	8~9	
무엽란	무엽란			*			제주, 남부	6~7	44호
제주무엽란	〃			*			제주	6~7	
홍산무엽란	애기무엽란			*			북부	6~7	
애기무엽란	〃			*			〃	6~7	
애기천마	애기천마			*			제주, 남부	7~8	
큰방울새란	큰방울새란	*					전국	6~7	
방울새란	〃	*					제주, 남부, 중부	5~6	
쌍잎난초	쌍잎난초	*					북부	7~8	
털쌍잎난초	〃	*					〃	7~8	
타래난초	타래난초	*					전국	5~8	
닭의난초	닭의난초	*					〃	6~7	
청닭의난초	〃	*					북부, 중부	7~8	
금난초	은대난초	*					제주, 남부, 중부	4~6	
은난초	〃	*					〃	4~6	
꼬마은난초	〃	*					〃	4~5	
은대난초	〃	*					전국	5~6	
김의난초	〃	*					중부	4~5	
섬사철란	사철란		*				제주, 남부	9~10	
애기사철란	〃		*				전국(고산)	7~8	
한국사철란	〃		*				한반도	7	

종 명	속 명	낙엽지	상록생	무엽부생	상록착생	분 포 지	화기(월)	특정식물지정
자주사철란	사철란		*			제주	8~9	
줄무늬사철란	〃		*			〃	8~9	
사철란	〃		*			전국	8~9	35호
붉은사철란	〃		*			제주, 남부	7~8	
백운란	백운란		*			〃	7~8	34호
개미난초	개미난초		*			중부, 제주	7~8	
차걸이란	차걸이란				*	제주	5~6	
풍선난초	풍선난초		*			북부(고산)	5~6	
부전란	부전란	*				〃	7~8	
비비추난초	비비추난초		*			제주, 남부, 중부	5~6	
이삭단엽란	이삭단엽란	*				전국(고산)	7~8	
자란	자란	*				남부	5~6	
흑난초	옥잠난초		*			제주	6~7	
한라옥잠난초	〃	*				〃	7	
옥잠난초	〃	*				전국	5~7	
나나벌이난초	〃	*				〃	6~7	
나리난초	〃	*				〃	5~6	
키다리난초	〃	*				한반도	6~7	
참나리난초	〃	*				북부, 중부	6~7	
여름새우란	새우난초		*			제주, 남부	8~9	36호
새우난초	〃		*			제주, 남부, 중부	4~5	37호
섬새우난초	〃		*			제주	4~5	46호
큰새우난초	〃		*			제주, 남부	4~5	45호
금새우난초	〃		*			〃	4~6	38호
약난초	약난초		*			〃	5~6	39호
두잎약난초	두잎약난초		*			제주	5~6	
감자난초	감자난초		*			한반도	5~6	
한라감자난초	〃		*			제주	6~7	

종 명	속 명	생태 구분				분 포 지	화기(월)	특정식물지정
		낙엽지생	상록생	무엽부생	착생			
산호란	산호란			*		북부(고산)	6~7	
콩짜개란	흑난초				*	제주, 남부	5~6	
흑난초	〃				*	제주, 남부	5~7	31호
석곡	석곡				*	제주, 남부, 중부	5~6	47호
죽백란	보춘화		*			제주	7~8	
녹화죽백란	〃		*			제주	10~11	
보춘화	〃		*			제주, 남부, 중부	3~5	48호
소란	〃		*			제주	9~10	
한란	〃		*			제주, 남부	10~11	
구화란	〃		*			남부	4~5	
대흥란	〃			*		제주, 남부	7~8	49호
풍란	풍란				*	제주, 남부	5~6	32호
지네발란	지네발란				*	제주, 남부	7~8	
금산자주난초	금산자주난초				*	제주, 남부	5~6	
탐라란	〃				*	제주	6~7	
거미란	거미란				*	제주	6~7	
제주난초	제주난초				*	제주	4~5	
나도풍란	나도풍란				*	제주, 남부	7~8	33호

※ 낙엽 지생종의 구분에서 **는 동휴면 종, *는 하휴면 종이다.

환경부 지정 특정 야생 식물 목록

1993년 1월 18일 환경처(현 환경부) 장관이 '자연 환경 보전법' 제 3 조 제 4 호의 규정에 의하여 특정 야생 동·식물을 지정 고시하였다.
동물은 양서류 9종, 파충류 13종, 곤충류 31종, 식물은 126종이 고시되었다. 난초과 식물은 식물류 126종 가운데 20종을 차지한다.

1996년 현재

지정 번호	국 명	지정 이유	분 포 지	비 고
식-30	천마	감소 추세종	제주, 전남, 전북, 경남, 대구, 경북, 충남, 대전, 충북, 인천, 서울, 경기, 강원, 평북, 함남, 함북	약재
식-31	혹난초	멸종 위기종	제주, 전남	
식-32	풍란	멸종 위기종	제주, 전남, 경남	관상용
식-33	나도풍란	멸종 위기종	제주, 전남, 경남	관상용
식-34	백운란	희귀종	제주, 전남, 전북, 경북	
식-35	사철란	희귀종	제주, 전남, 경북, 충남	관상용
식-36	여름새우란	희귀종	제주, 전남	관상용
식-37	새우난초	희귀종	제주, 전남, 전북, 경남, 충남, 대전	관상용
식-38	금새우난초	희귀종	제주, 전남, 경북	관상용
식-39	약난초	희귀종	제주, 전남, 전북, 경남	관상용
식-40	광릉요강꽃	희귀종	경기	관상용
식-41	해오라비난초	감소 추세종	경북, 충북, 경기, 강원, 함남	관상용
식-42	나도제비란	희귀종	제주, 전남, 전북, 경남, 강원, 함남, 함북	
식-43	으름난초	희귀종	제주	
식-44	무엽란	희귀종	제주, 전남, 부산	
식-45	큰새우난초	감소 추세종	제주, 전남	관상용
식-46	섬새우난초	한국 특산종	제주	

식-47	석곡	희귀종	제주, 전남, 광주, 전북, 경남, 경북, 강원	관상용, 약재
식-48	보춘화	감소 추세종	제주, 전남, 광주, 전북, 부산, 경남, 대구, 경북, 대전, 충남, 충북, 인천, 경기, 강원, 황해	관상용
식-49	대흥란	희귀종	제주, 전남, 전북, 경남, 경북	

한국명 찾아보기

고딕체 - 종 번호
명조체 - 해설 쪽수

ㄱ

갈매기난초 ····················25 120
감자난초····················72 358
개불란 ·························1 14
개불알꽃 ·······················1 14
개제비란 ······················17 90
개천마 ······················27 134
경사한란····················81 406
광릉요강꽃····················4 30
구름병아리난초 ···············10 60
구슬난초 ····················19 98
구화란 ······················82 412
금난초 ······················41 200
금산자주난초 ················86 434
금새우난초····················69 342
금자란 ······················86 434
긴산제비란 ···················22 106
김의난초····················45 220
꼬리난초····················84 424
꼬마은난초 ···················43 210

ㄴ

나나니난초 ···················62 304
나나벌이난초 ·················62 304
나도씨눈란 ···················20 102
나도잠자리란 ·················15 82
나도잠자리란 ·················16 86
나도제비란 ···················11 64

나도풍란····················89 446
나리난초····················63 308
나비난초 ·····················13 72
너도제비란 ················보유 2 456
노란나비난초 ·················89 446
노란새우난초 ·················67 332
노랑개불알꽃··················2 20
노랑새우난초 ·················69 342
녹경구화란 ···················82 412
녹백운란····················53 262
녹화약난초 ···················70 348
녹화죽백란 ···················79 394
녹화흑난초 ···················59 290

ㄷ

닭의난초····················39 190
대엽한란····················81 406
대흥란 ······················83 416
댓잎은난초····················44 216
덩굴난초····················75 372
돈란 ························78 390
두잎약난초····················71 354

ㅁ

몽올난초 ·····················17 90
무엽란 ······················30 148
민금산자주난초 ···············86 434

ㅂ

바위난초 · · · · · · · · · · · · · · · · · · 14 76
방울난초 · · · · · · · · · · · · · · · · · · · 7 46
방울새란 · · · · · · · · · · · · · · · · · · · 36 174
백금난초 · · · · · · · · · · · · · · · · · · · 41 200
백운란 · 53 262
백천마 · 28 140
백화자란 · · · · · · · · · · · · · · · · · · · 58 284
병아리난초 · · · · · · · · · · · · · · · · · 14 76
보라나나벌이난초 · · · · · · · · · · · 62 304
보라옥잠난초 · · · · · · · · · · · · · · · 61 298
보라참나리난초 · · · · · · · · · · · · · 65 320
보라키다리난초 · · · · · · · · · · · · · 64 314
보리난초 · · · · · · · · · · · · · · · · · · · 76 378
보춘화 · 80 398
복주머니꽃 · · · · · · · · · · · · · · · · · · 1 14
북방나비난초 · · · · · · · · · · · · · · · 12 70
분홍석곡 · · · · · · · · · · · · · · · · · · · 77 384
붉은개제비란 · · · · · · · · · · · · · · · 17 90
붉은사철란 · · · · · · · · · · · · · · · · · 52 258
붉은새우난초 · · · · · · · · · · · · · · · 67 332
비비추난초 · · · · · · · · · · · · · · · · · 56 276
비자란 · 88 442
뿌리난초 · 8 50

ㅅ

사철란 · 51 252
산나사난초 · · · · · · · · · · · · · · · · · 10 60
산닭의난초 · · · · · · · · · · · · · · · · · 46 224
산알룩난초 · · · · · · · · · · · · · · · · · 47 230
산제비란 · · · · · · · · · · · · · · · · · · · 22 106
산호란 · 74 368
새발란 · 8 50
새우난초 · · · · · · · · · · · · · · · · · · · 67 332
석곡 · 77 384
석란 · 77 384
섬사철란 · · · · · · · · · · · · · · · · · · · 46 224
세엽보춘화 · · · · · · · · · · · · · · · · · 80 398
소심대흥란 · · · · · · · · · · · · · · · · · 83 416
소심보춘화 · · · · · · · · · · · · · · · · · 80 398
소심죽백란 · · · · · · · · · · · · · · · · · 78 390
손바닥난초 · · · · · · · · · · · · · · · · · · 8 50
쌍잎난초 · · · · · · · · · · · · · · · · · · · 37 178
씨눈난초 · · · · · · · · · · · · · · · · · · · 19 98

ㅇ

알룩난초 · · · · · · · · · · · · · · · · · · · 51 252
애기나나벌이난초 · · · · · · · · · · · 62 304
애기나리난초 · · · · · · · · · · · · · · · 63 308
애기무엽란 · · · · · · · · · · · · · · · · · 33 160
애기사철란 · · · · · · · · · · · · · · · · · 47 230
애기제비란 · · · · · · · · · · · · · · · · · 23 112
애기천마 · · · · · · · · · · · · · · · · · · · 34 164
약난초 · 70 348
얼룩북방나비난초 · · · · · · · · · · · 12 70
여름새우란 · · · · · · · · · · · · · · · · · 66 326
연잎요강꽃 · · · · · · · · · · · · · · · · · · 4 30
오리난초 · · · · · · · · · · · · · · · · · · · 11 64
옥잠난초 · · · · · · · · · · · · · · · · · · · 61 298
왕개불알꽃 · · · · · · · · · · · · · · · · · · 1 14
외대난초 · · · · · · · · · · · · · · · · · · · 56 276
요강꽃 · 1 14
으름난초 · · · · · · · · · · · · · · · · · · · 27 134
은난초 · 42 206
은대난초 · · · · · · · · · · · · · · · · · · · 44 216
이삭난초 · · · · · · · · · · · · · · · · · · · 54 216
이삭단엽란 · · · · · · · · · · · · · · · · · 57 280
이삭쌍엽란 · · · · · · · · · · · · · · · · · 57 280

ㅈ

자란 · 58 284
자주사철란 · · · · · · · · · · · · · · · · · · · 49 240
자한란 · 81 406
잠자리난초 · 6 40
적경구화란 · · · · · · · · · · · · · · · · · · · 82 412
적화보춘화 · · · · · · · · · · · · · · · · · · · 80 398
점백이구름병아리난초 · · · · · · · · 10 60
정화난초 · 70 348
제비난초 · 24 116
제비잠자리란 · · · · · · · · · · · · · · · · 15 82
제주난초 · 88 442
제주무엽란 · · · · · · · · · · · · · · · · · · · 31 154
제주방울난초 · · · · · · · · · · · · · 보유1 452
종덕이난초 · · · · · · · · · · · · · · · · · · · 71 354
주름제비란 · 9 56
주황새우난초 · · · · · · · · · · · · · · · · 67 332
죽백란 · 78 390
줄무늬사철란 · · · · · · · · · · · · · · · · 50 248
지네란 · 85 428
지네발란 · 85 428
진들난초 · 20 102
짧은산제비란 · · · · · · · · · · · · · · · · 22 106

ㅊ

차걸이란 · 54 268
참나리난초 · · · · · · · · · · · · · · · · · · · 65 320
천마 · 28 140
청닭의난초 · · · · · · · · · · · · · · · · · · · 40 196
청사철란 · 51 252
청천마 · 28 140
청한란 · 81 406
춘란 · 80 398
치마난초 · 4 30

ㅋ

콩짜개란 · 75 372
큰개불란 · 2 20
큰개불알꽃 · 2 20
큰나도잠자리란 · · · · · · · · · · · · · · 16 86
큰방울새란 · · · · · · · · · · · · · · · · · · · 35 170
큰복주머니꽃 · · · · · · · · · · · · · · · · · · 4 30
큰새우난초 · · · · · · · · · · · · · · · · · · · 68 338
큰제비란 · 21 104
키다리난초 · · · · · · · · · · · · · · · · · · · 64 314

ㅌ

타래난초 · 38 182
타이완광릉요강꽃 · · · · · · · · · · · · · 4 30
탐라란 · 87 438
털개불란 · 3 24
털개불알꽃 · 3 24
털복주머니꽃 · · · · · · · · · · · · · · · · · · 3 24
털사철란 · 49 240

ㅍ

포태제비란 · · · · · · · · · · · · · · · · · · · 18 94
푸른나나벌이난초 · · · · · · · · · · · · 62 304
푸른새우난초 · · · · · · · · · · · · · · · · 67 332
푸른옥잠난초 · · · · · · · · · · · · · · · · 61 298
푸른참나리난초 · · · · · · · · · · · · · · 65 320
푸른키다리난초 · · · · · · · · · · · · · · 64 314
풍란 · 84 424
풍선난초 · 55 272

ㅎ

하늘산제비란 · · · · · · · · · · · · · · · · 22 106
한국사철란 · · · · · · · · · · · · · · · · · · · 48 234
한라감자난초 · · · · · · · · · · · · · · · · 73 364

한라새우난초 ·················68 338	흰병아리난초 ·················14 76
한라옥잠난초 ·················60 296	흰북방나비난초 ············12 70
한라천마·······················29 144	흰섬사철란·····················46 224
한란 ···························81 406	흰손바닥난초·····················8 50
해오라비난초 ···················5 36	흰자주사철란·················49 240
흑난초 ·························76 378	흰제비란·······················26 126
홍산무엽란·····················32 158	흰주름제비란·····················9 56
홍한란 ·························81 406	흰줄금난초·····················41 200
회백은대난초·················44 216	흰줄자란·······················58 284
흑난초 ·························59 290	흰줄흑난초·····················59 290
흰개불알꽃·······················1 14	흰큰방울새란·················35 170
흰구름병아리난초 ··········10 60	흰타래난초·····················38 182
흰나도제비란 ················11 64	흰털개불알꽃···················3 24
흰나비난초 ···················13 72	흰풍선난초·····················55 272
흰방울새란·····················36 174	

학명 찾아보기

고딕체 - 종 번호
명조체 - 해설 쪽수

A

Aërides japonicum Lindenberg et Reichenbach fil.··················**89** 446
Amitostigma gracile (Blume) Schlechter ··**14** 76
Amitostigma gracile (Blume) Schlechter for. *manshuricum* ···············**14** 76
Aplectrum unguiculatum (Finet) F. Maekawa····························**71** 354

B

Bletilla striata (Thunberg) Reichenbach fil. ·····································**58** 284
Bletilla striata (Thunberg) Reichenbach fil. for. *albomarginata* ···········**58** 284
Bletilla striata (Thunberg) Reichenbach fil. for. *gebina* ·····················**58** 284
Bulbophyllum drymoglossum Maximowicz ·······················**75** 372
Bulbophyllum inconspicuum Maximowicz ·······················**76** 378

C

Calanthe × *bicolor* Lindley ······**68** 338
Calanthe discolor Lindley ········**67** 332
Calanthe discolor Lindley for. *luteus* ·································**67** 332
Calanthe discolor Lindley for. *rosea* ·································**67** 332
Calanthe discolor Lindley for. *rufo-aurantiaca* ··························**67** 332
Calanthe discolor Lindley for. *viridi-alba* ························**67** 332
Calanthe reflexa Maximowicz ···**66** 326
Calanthe sieboldi Decaisne et Regel ·································**69** 342
Calypso bulbosa (Linné) Reichenbach fil. ·····································**55** 272
Calypso bulbosa (Linné) Reichenbach fil. for. *albiflora* ·····················**55** 272
Cephalanthera erecta (Thunberg) Blume ································**42** 206
Cephalanthera erecta (Thunberg) Blume var. *subaphylla* (Miyabe et Kudo) Ohwi ································**43** 210
Cephalanthera falcata (Thunberg) Blume ································**41** 200
Cephalanthera falcata (Thunberg) Blume for. *albescens* ············**41** 200
Cephalanthera falcata (Thunberg) Blume for. *variegata* ············**41** 200
Cephalanthera longibracteata Blume ·································**44** 216
Cephalanthera longibracteata Blume for. *lurida* ································**44** 216
Cephalanthera longifolia (Hudson) Fritsch·····························**45** 220

487

Cephalanthera subaphylla Miyabe et Kudo ·······························43 210
Chamaegastrodia sikokiana (Makino) Makino et F. Maekawa ········34 164
Cleisostoma scolopendrifolium (Makino) Garay ································85 428
Coeloglossum coreanum (Nakai) Schlechter ··································18 94
Coeloglossum viride (Linné) Hartman for. *purpureus* ·······················17 90
Coeloglossum viride (Linné) Hartman var. *bracteatum* (Willdenow) Richter ··17 90
Corallorhiza trifida Chatelain ···74 368
Cremastra appendiculata (D. Don) Makino····························70 348
Cremastra appendiculata (D. Don) Makino for. *viridiflora*············70 348
Cremastra unguiculata (Finet) Finet ··71 354
Cymbidinm lancifolium Hooker fil. ··78 390
Cymbidium faberi Rolfe ···········82 412
Cymbidium faberi Rolfe for. *ruburum* ··82 412
Cymbidium faberi Rolfe for. *viridis* ··82 412
Cymbidium goeringii (Reichenbach fil.) Reichenbach fil.·····················80 398
Cymbidium goeringii (Reichenbach fil.) Reichenbach fil. vor. *angustatum* ···80 398
Cymbidium goeringii (Reichenbach fil.) Reichenbach fil. vor. *aurantioruber* ···80 398

Cymbidium goeringii (Reichenbach fil.) Reichenbach fil. for. *soshin* ···80 398
Cymbidium javanicum Blume var. *aspidistrifolium* (Fukuyama) F. Maekawa····························79 394
Cymbidium kanran Makino ······81 406
Cymbidium kanran Makino for. *purpurascens* ······················81 406
Cymbidium kanran Makino for. *purpureo-viridescens* ············81 406
Cymbidium kanran Makino for. *rubescens*·····························81 406
Cymbidium kanran Makino for. *viridescens* ···························81 406
Cymbidium kanran Makino var. *latifolium* ······························81 406
Cymbidium lancifolium Hooker fil. for. *leucanthum*·····························78 390
Cymbidium nipponicum (Franchet et Savatier) Makino for. *sagamiense* ··83 416
Cymbidium nipponicum (Franchet et Savatier) Makino ·················83 416
Cypripedium calceolus Linné ·········2 20
Cypripedium formosanum ············4 30
Cypripedium guttatum Swartz var. *koreanum* Nakai for. *albiflorum* ·····3 24
Cypripedium guttatum Swartz var. *koreanum* Nakai ······················3 24
Cypripedium japonicum Thunberg 4 30
Cypripedium macranthum Swartz 1 14
Cypripedium macranthum Swartz for. *albiflorum* ·····························1 14
Cypripedium macranthum Swartz var. *hotei-atsumorianum*····················1 14

D

Dactylorchis aristata (Fischer)
Vermeulen ·················12 70
Dactylorchis aristata (Fischer)
Vermeulen for. *albiflora* ·········12 70
Dactylorchis aristata (Fischer)
Vermeulen for. *punctata* ·········12 70
Dendrobium moniliforme (Linné)
Swartz·····················77 384
Dendrobium moniliforme (Linné)
Swartz for. *subrufescens* ·········77 384

E

Epipactis papillosa Franchet et
Savatier ····················40 196
Epipactis thunbergii A. Gray ···39 190

G

Galeola septentrionalis Reichenbach fil.
·································27 134
Galeorchis cyclochila (Franchet et
Savatier) Nevski ···················11 64
Galeorchis cyclochila (Franchet et
Savatier) Nevski for. *leucantha*
·································11 64
Gastrochilus japonicus (Makino)
Schlechter ·····················87 438
Gastrochilus matsuran (Makino)
Schlechter ·····················86 434
Gastrochilus matsuran (Makino)
Schlechter for. *epunctatus* ······86 434
Gastrodia elata Blume···············28 140
Gastrodia elata Blume for. *pallens*
·································28 140

Gastrodia elata Blume for. *viridis*
·································28 140
Gastrodia verrucosa Blume·········29 144
Goodyera × chejuensis S. Kim ···50 248
Goodyera coreana S. Kim ·········48 234
Goodyera foliosa (Lindley) Bentham
var. *maximowicziana* (Makino) F.
Maekawa·····················46 224
Goodyera macrantha Maximowicz
·································52 258
Goodyera maximowicziana Makino
·································46 224
Goodyera maximowicziana Makino for.
alba ··························46 224
Goodyera repens (Linné) R. Brown
·································47 230
Goodyera schlechtendaliana Reichen-
bach fil. ·····················51 252
Goodyera schlechtendaliana Reichen-
bach fil. for. *similis* ···············51 252
Goodyera velutina Maximowicz···49 240
Goodyera velutina Maximowicz for.
albiflora ······················49 240
Gymnadenia camtschatica (Chamisso et
Schlechtendal) Miyabe et Kudo
·································9 56
Gymnadenia camtschatica (Chamisso et
Schlechtendal) Miyabe et Kudo for.
leucantha ····················9 56
Gymnadenia canopsea (Linné) R. Brown
for. *leucantha* ·················8 50
Gymnadenia conopsea (Linné)
R. Brown ·····················8 50
Gymnadenia cucullata (Linné) L. C.
Richard ·····················10 60

H

Habenaria Chejuensis Y. Lee & K. Lee
................................보유 1 452
Habenaria flagellifera Makino ······7 46
Habenaria linearifolia Maximowicz 6 40
Habenaria radiata (Thunberg)
Sprengel ································5 36
Herminium lanceum (Thunberg et Swartz) J. Vuijk var. *longicrure* (C. Wright) Hara······················19 98
Herminium longicrure (C. Wright) Wang et Tang ·····················19 98
Herminium monorchis (Linné) R. Brown ································20 102
Hetaeria sikokiana (Makino) Tuyama
···34 164

L

Lecanorchis japonica Blume ······30 148
Lecanorchis kiusiana Tuyama ···31 154
Limnorchis holog lottis (Maxmowicz) Nevski ·································26 126
Liparis auriculata Blume ········60 296
Liparis japonica (Miquel) Maximowicz
···64 314
Liparis japonica (Miquel) Maximowicz for. *atronervata* ·····················64 314
Liparis japonica (Miquel) Maximowicz for. *viridiflora* ·····················64 314
Liparis koreana Nakai·············65 320
Liparis koreana Nakai for. *atronervata*
···65 320
Liparis koreana Nakai for. *viridiflora*
···65 320

Liparis krameri Franchet et Savatier
···62 304
Liparis krameri Franchet et Savatier for. *atronervata* ·····················62 304
Liparis krameri Franchet et Savatier for. *viridis* ···························62 304
Liparis krameri Franchet et Savatier var. *shichitoana*·····················62 304
Liparis kumokiri F. Maekawa ···61 298
Liparis kumokiri F. Maekawa for. *atronervata* ························61 298
Liparis kumokiri F. Maekawa for. *viridis* ·······························61 298
Liparis makinoana Schlechter ···63 308
Liparis makinoana Schlechter var. *nikkoensis* ···························63 308
Liparis nervosa (Thunberg) Lindley
···59 290
Liparis nervosa (Thunberg) Lindley for. *albomarginata* ·····················59 290
Liparis nervosa (Thunberg) Lindley for. *viridiflora* ·····························59 290
Listera pinetorum Lindley ········37 178

M

Malaxis monophyllos (Linné) Swartz
···57 280
Malaxis monophyllos (Linné) Swartz var. *diphylla* ···························57 280
Microstylis monophyllos (Linné) Lindley
···57 280

N

Neofinetia falcata (Thunberg) Hu 84 424
Neolindleya camtschatica (Chamisso et

Schlechtendal) Nevski ············9 56
Neottia asiatica Ohwi ············33 160
Neottia nidus-avis (Linné) L. C. Richard
var. *nidus-avis* ··············32 158
Neottia nidus-avis (Linné) L. C. Richard
var. *mandshurica* Komarov ···32 158
Neottianthe cucullata (Linné) Schlechter ···············10 60
Neottianthe cucullata (Linné) Schlechter
for. *leucantha* ··············10 60
Neottianthe cucullata (Linné) Schlechter
for. *maculate* ··············10 60
Neottia papiligera Schlechter ······32 158

O

Oberonia japonica (Maximowicz)
Makino··························54 268
Orchis aristata Fischer ············12 70
Orchis cyclochila (Franchet et Savatier)
Maximowicz ·····················11 64
Orchis graminifolia (Reichenbach fil.)
Tang et Wang ··············13 72
Oreorchis coreana Finet ·········73 364
Oreorchis patens (Lindley) Lindley
································72 358

P

Pecteilis radiata (Thunberg)
Rafinesque ·····················5 36
Peristylus flagellifer (Makino) Ohwi
································7 46
Perularia ussuriensis (Regel et Maack)
Schlechter······················15 82
Platanthera hologlottis Maximowicz
································26 126

Platanthera japonica (Thunberg)
Lindley ······················25 120
Platanthera mandarinorum Reichenbach fil. ·····················22 106
Platanthera mandarinorum Reichenbach fil. var. *brachycentron* ···22 106
Platanthera mandarinorum Reichenbach fil. var. *mandarinorum* ···22 106
Platanthera mandarinorum Reichenbach fil. var. *maximowicziana*
································22 106
Platanthera mandarinorum Reichenbach fil. var. *maximowicziana*
(Schlechter) Ohwi··············23 112
Platanthera mandarinorum Reichenbach fil. var. *neglecta* ···········22 106
Platanthera maximowicziana Schlechter ·······························23 112
Platanthera metabifolia F. Maekawa
································24 116
Platanthera sachalinensis Fr. Schmidt
································21 104
Pogonia japonica Reichenbach fil.
································35 170
Pogonia japonica Reichenbach fil. for.
pallescens ·····················35 170
Pogonia minor (Makino) Makino **36** 174
Pogonia minor (Makino) Makino for.
pallescens ·····················36 174
Ponerorchis graminifolia Reichenbach fil. ·····························13 72
Ponerorchis graminifolia Reichenbach fil. for. *albiflora* ················13 72
Ponerorchis joo-iokiana (Makino)F.
Moekawa ··················보유 2 456

491

S

Saccolabium japonicum Makino **87** 438
Saccolabium matsuran Makino ⋯**86** 434
Sarcanthus scolopendrifolius Makino
　⋯⋯⋯⋯⋯⋯⋯⋯⋯⋯⋯⋯⋯**85** 428
Sarcochilus japonicus (Reichenbach f:l)Miquel⋯⋯⋯⋯⋯⋯⋯⋯⋯**8** 442
Sedirea japonica (Lindenberg et Reichenbach fil.) Garay et Sweet **89** 446
Spiranthes sinensis (Persoon) Ames var. *amoena*(M. Bieberstein)Hara for. *albescens* ⋯⋯⋯⋯⋯⋯⋯⋯**38** 182
Spiranthes sinensis (Persoon) Ames var. *amoena* (M. Bieberstein) Hara **38** 182

T

Thrixspermum japonicum (Miquel) Reichenbach fil.⋯⋯⋯⋯⋯⋯**88** 442
Tipularia japonica Matsumura ⋯**56** 276
Tulotis asiatica Hara ⋯⋯⋯⋯⋯**16** 86
Tulotis fuscescens (Linné) Czerniak ⋯⋯⋯⋯⋯⋯⋯⋯⋯⋯⋯⋯⋯⋯**16** 86
Tulotis ussuriensis (Regel et Maack) Hara ⋯⋯⋯⋯⋯⋯⋯⋯⋯⋯**15** 82

V

Vexillabium nakaianum F. Maekawa ⋯⋯⋯⋯⋯⋯⋯⋯⋯⋯⋯⋯⋯**53** 262
Vexillabium nakaianum F. Maekawa for. *viridis* ⋯⋯⋯⋯⋯⋯⋯**53** 262

□ ■ 인명 해설 □ ■

- Adans. ; Michel Adanson, 1727~1806, 프랑스
- All. ; Carlo Allioni, 1725~1804, 이탈리아
- Ames ; Oakes Ames, 1874~1950, 미국(난초과)
- Beauverd ; Gustave Beauverd, 1867~1942, 스위스(국화과)
- Benth. ; George Bentham, 1800~1884, 영국
- M. Bieb.; (Baron) Friedrich August Marschall von Bieberstein, 1768~1826, 독일(제정 러시아 식물)
- Bl. ; Karl Ludwig von Blume, 1796~1862, 네덜란드(말레이시아 식물)
- Bory ; Jean Baptiste Georges Geneviève Marcellin Bory, 1778~1846, 프랑스
- R. Br. ; Robert Brown, 1773~1858, 영국 및 오스트레일리아
- Cham. ; (Ludolf Karl) Adalbert von Chamisso, 1781~1838, 독일(시인, 자연주의자)
- Châtel. ; Jean Jacques Châtelain, 1736~1822
- T. H. Chung ; Tai-hyeon Chung(鄭台鉉), 1882~1971, 한국
- Crantz ; Heinrich Johann Nepomuk von Crantz, 1722~1799, 오스트리아
- Czerniak. ; Ekaterina Georiewna Czerniakowska, 1892~1942
- Decne. ; Joseph Decaisne, 1807~1882, 프랑스
- A. Dietr. ; Albert Gottfried Dietrich, 1795~1856, 독일
- D. Don ; David Don, 1799~1841, 영국
- Druce ; Geroge Claridge Druce, 1850~1932, 영국
- Dulac ; Joseph Dulac, 1827~1897, 프랑스
- Ehrh. ; (Jakob) Friedrich Ehrhart, 1742~1795, 독일
- Faurie ; Urbain Jean Faurie, 1847~1915, 프랑스(일본과 제주도에서 채집)
- Finet ; Achille Eugène Finet, 1863~1913, 프랑스(난초과)
- Fisch. ; Friedrich Ernst Ludwig von Fischer, 1782~1854, 제정 러시아
- Fr. ; Franch. ; Adrien Renè Franchet, 1834~1900, 프랑스(아시아 식물)
- Fr. & Sav. ; A. Franchet and L. Savatier, 프랑스(일본 식물)
- Fukuyama ; Noriaki Fukuyama(福山伯明), 1912~1946, 일본(난초과)
- Garay ; Leslie Andrew Garay, 1924~   , 미국(난초과)
- Georgi ; Johann Gottlieb Georgi, 1729~1802, 제정 러시아
- Gilib. ; Jean Emmanuel Gilibert, 1741~1814, 프랑스

- Gmel. ; Samuel Gottliceb Gmelin, 1743~1774, 제정 러시아(시베리아 식물)
- Goering ; Philip Friedrich Wilhelm Goering (Göring), 1809~1876, 독일(일본에서 채집)
- A. Gray ; Asa Gray, 1810~1888, 미국
- Gray ; Samuel Frederick Gray, 1766~1828, 영국
- Greene ; Edward Lee Greene, 1842~1915, 미국
- Gren. ; (Jean) Charles (Marie) Grenier, 1808~1875, 프랑스
- Griff. ; Willam Griffith, 1810~1845, 영국(인도 식물)
- H. Hara ; Hiroshi Hara(原 寬), 1911~1986, 일본
- Hartm. ; Carl Johann Hartman, 1790~1849, 스웨덴
- Hatus. ; Sumihiko Hatusima(初島住彦), 1906~ ?, 일본
- Hayashi ; Yasaka Hayashi(林 彌榮), 1911~ ?, 일본
- Hayata ; Bunzô Hayata(早田文藏), 1874~1934, 일본(타이완 식물)
- Hiyama ; Kôzô Hiyama(檜山庫三), 1905~ ?, 일본
- Honda ; Masaji Honda(本田正次), 1897~1984, 일본
- Hook. ; *Sir* William Jackson Hooker, 1785~1865, 영국
- Hook. f. ; *Sir* Joseph Dalton Hooker, 1817~1911, 영국
- House ; Homer Doliver House, 1878~1949, 미국
- Hu ; Hsen-Hsu Hu(胡 先驌), 1894~1968, 중국
- Huds. ; William Hudson, 1730~1793
- Juss. ; Antoine Laurent de Jussieu, 1748~1836, 프랑스
- H. Karst. ; (Gustav Karl Wihelm) Hermann Karsten, 1817~1908, 독일
- Ker-Gawl. ; John Bellenden Ker Gawler, 1764~1842, 영국
- King ; *Sir* George King, 1840~1909, 영국(인도 식물)
- Kitag. ; Masao Kitagawa(北川政夫), 1909~ ?, 일본
- Koidz. ; Gen'ichi Koidzumi(小泉源一), 1883~1953, 일본
- Komar. ; Vladimir Leontjevich Komarov, 1869~1945, 구소련(동아시아 식물)
- Korsh. ; Sergei Ivanovitsch Korshinsky, 1861~1900, 제정 러시아
- T. Koyama ; Tetsuo Michael Koyama(小山鐵夫), 1933~ , 일본
- Kränzl.(Kraenzl.) ; Friedrich Wilhelm Ludwig Kränzlin (Kraenzlin), 1874~1934, 독일(난초과)
- Kudô ; Yushûn Kudô(工藤祐舜), 1887~1932, 일본
- Kuntze ; Carl Ernst Otto Kuntze, 1843~1907, 독일
- L. ; Linné ; Carl von Linné (Carolus Linnaeus), 1707~1778, 스웨덴

- L. f.; Linné f.; Carl von Linné fil., 1741~1783, 스웨덴
- Lag.; Mariano Lagasca (y Segura) 1776~1839, 에스파냐
- La Llave; Pablo de La Llave, 1773~1833, 멕시코
- Ledeb.; Carl Fridrich von Ledebour, 1785~1851, 제정 러시아
- D. Lee; Deok-Bong Lee(李德鳳), 1898~ ?, 한국
- H. Lee; Hwui-Jae Lee(李徽載), 1903~ ?, 한국
- T. Lee; Thang-Bok Lee(李昌福), 1919~ , 한국
- Y. Lee; Yong-No Lee(李永魯), 1920~ , 한국
- Lex.; Juan José Martinez de Lexarza, 1785~1824, 멕시코
- Lindenb.; Johann Bernhard Wilhelm Lindenberg, 1781~1851
- Lindl.; John Lindley, 1799~1865, 영국
- Lour.; Juan Loureiro, 1715~1796, 포르투갈(Cochin China 식물)
- Maack; Richard Karlovich Maack, 1825~1886, 제정 러시아
- F. Maek.; Fumio Maekawa(前川文夫), 1908~1984, 일본
- Makino; Tomitarô Makino(牧野富太郎), 1862~1957, 일본
- Masam.; Genkei Masamune(正宗嚴敬), 1899~ ?, 일본(타이완의 난초과)
- Matsum.; Jinzô Matsumura(松村任三), 1856~1928, 일본
- Max.; Maxim.; Carl Johann Maximowicz, 1827~1891, 제정 러시아
- Miq.; Friedrch Anton Wilhelm Miquel, 1811~1871, 네덜란드
- Miyabe; Kingo Miyabe(宮部金吾), 1860~1951, 일본
- C. Morren; Charles François Antoine Morren, 1807~1858, 벨기에
- Murata; Gen Murata(村田 源), 1927~ ?, 일본
- Nakai; Takenoshin Nakai(中井猛之進), 1882~1952, 일본
- Nevski; Sergei Arsenjevic. Nevski, 1908~1938, 구소련
- Nutt.; Thomas Nuttall, 1786~1859, 영국 및 미국(북아메리카에서 채집)
- Nym.; Carl Fredrik Nyman, 1820~1893, 스웨덴
- Ôhwi; Jisaburô Ohwi(大井次三郎), 1905~1977, 일본
- Ôkubo; Saburô Ôkubo(大久保三郎), 1857~1914, 일본
- Park; Man-Kyu Park(朴萬奎), 1906~1977, 한국
- Parl.; Filippo Parlatore, 1816~1877, 이탈리아
- Pav.; José Antonio Pavón, 1754~1844, 에스파냐(페루 식물)
- Pers.; Christiaan Hendrik Persoon, 1761~1836, 남아프리카 공화국, 프랑스
- Pfitzer; Ernst Hugo Heinrich Pfitzer, 1846~1906, 독일
- Raf.; Constantine Samuel Rafinesque, 1783~1840, 미국

- Regel ; Eduard August von Regel, 1815~1892, 독일 및 제정 러시아
- Reichenb. ; Reichb. ; (Heinrich Gottlieb) Ludwig Reichenbach, 1793~1879, 독일(유럽 식물)
- Reichenb. f. ; Heinrich Gustav Reichenbach, 1824~1889, 독일(난초과)
- L. C. Rich. ; Louris Claude Marie Richard, 1754~1821, 프랑스(열대 아메리카에서 채집)
- Richt. ; Karl Richter, 1855~1891, 오스트리아
- Rolfe ; Robert Allen Rolfe, 1855~1921, 영국(난초과, 타이완에서 채집)
- Ruíz ; Hipólito Ruíz-Lopez, 1754~1815, 에스파냐
- Salisb. ; Richard Anthony Salisbury, 1761~1829, 영국
- Satake ; Yoshisuke Satake(佐竹義輔), 1902~ ?, 일본
- Satomi ; Nobuo Satomi(里見信生), 1922~ , 일본
- Sav. ; Savat. ; Paul Amedée Ludovic Savatier, 1830~1891, 프랑스(일본 식물)
- Sawada ; Taketarô Sawada(澤田武太郎), 1899~1938, 일본
- Schltdl. ; Dietrich Franz Leonhard von Schlechtendal, 1794~1866, 독일
- Schltr. ; Friedrich Richard Rudolf Schlechter, 1872~1925, 독일(난초과)
- F. Schmidt ; Friedrich Schmidt, 1832~1908, 제정 러시아(사할린과 부레야에서 채집)
- F. W. Schmidt ; Franz Wilibald Schmidt, 1764~1796, 구체코슬로바키아
- Sieb. ; Philipp Franz von Siebold, 1796~1866, 독일 및 네덜란드
- J. E. Smith ; *Sir* James Edward Smith, 1759~1828, 영국
- Soland. ; Daniel (Carl) Solander, 1733~1782, 스웨덴 및 영국
- Soó ; Károly Rezsö Soó von Bere(Károly Rezsö Soó) , 1903~1980, 헝가리(난초과)
- Spreng. ; Curt (Polykarp Joachim) Sprengel, 1766~1833, 독일
- Sugimoto ; Junichi Sugimoto(杉本順一), 1901~ ?, 일본
- Sw. ; Olof Swartz, 1760~1818, 스웨덴
- H. R. Sweet ; Herman Royden Sweet, 1909~ ?, 미국
- Takeda ; Hisayoshi Takeda(武田久吉), 1883~1972, 일본
- Tang ; Tsin Tang(Ching Tang ; 唐 進), 1900~ ?, 중국
- Tatew. ; Misao Tatewaki(館脇 操), 1899~ ?, 일본(홋카이도 식물)
- Thou. ; Louis Marie Aubert du Petit Thouars, 1758~1831, 프랑스
- Thunb. ; Carl Peter Thunberg, 1743~1828, 스웨덴(일본 식물)
- Torr. ; John Torrey, 1796~1873, 미국

- Toyokuni ; Hideo Toyokuni(豊國秀夫), 1932~ , 일본
- Tuyama ; Takasi Tuyama(津山 尙), 1910~?, 일본
- Verm.; Pieter Vermeulen, 1899~1981
- Vuijk ; Jacobus Vuijk, 1910~ ?
- Wahlenb. ; Georg(Göran) Wahlenberg, 1780~1851, 스웨덴
- F. T. Wang ; Fa-Tsuan Wang(汪 發纘), 1929~ ?, 중국(난초과)
- Wettst. ; Richard Wettstein, 1863~1931, 오스트리아
- Wieg. ; Carl McKay Wiegand, 1873~1942, 미국
- Willd. ; Carl Ludwig von Willdenow, 1765~1812, 독일
- C. Wright ; Charles Wright, 1811~1885, 미국(북아메리카의 북태평양 지역에서 채집)
- Yamamoto ; Yoshimatsu Yamamoto(山本由松), 1893~1947, 일본(타이완 식물)
- Yatabe ; Ryôkichi Yatabe(矢田部吉), 1851~1899, 일본

■ 참고 문헌 ■

- 정태현·도봉섭·이덕봉·이휘재.『조선 식물 향명집』. 조선 박물 연구회. 서울, 38~40, 1937.
- 전라 남도 교육회.『전라 남도 식물』. 전라남도, 23~25, 1940.
- 박만규.「조선 고산 식물 목록」,『조선 박물학회지 제 33호』. 1942.
- 정태현·도봉섭·심학진.『조선 식물명집 Ⅰ 초본편』. 서울, 정음사, 185~189, 1949.
- 박만규.『우리 나라 식물 명감』. 서울, 문교부, 333~340, 1949.
- 정태현.『한국 식물 도감 초본부』. 서울, 교육사, 997~1025, 1957.
- 이덕봉.「제주도의 식물상」,『고려대 문리대 논문집 2』. 339~412, 1957.
- 이휘재.『한국 동식물 도감 Vol. 4 화훼류 Ⅰ』. 서울, 문교부, 1964.
- 부종휴.「제주도산 자생 식물 목록(제 1보)」,『약사회지 5(2)』. 55~59, 1964.
- 정태현.『한국 동식물 도감 Vol. 5 목초본류』. 서울, 문교부, 1965.
- 이휘재.『한국 동식물 도감 Vol. 6 화훼류 Ⅱ』. 서울, 문교부, 292~304, 1966.
- 이영노.「한라산의 특산 식물」,『한라산 및 홍도 학술 조사 보고서』. 서울, 문화공보부, 112~126, 1968.
- 이창복.「자원 식물」,『한국 임학회지』. 1969.
- 이영노·오용자.『추자군도의 생물상 조사 보고서』. 서울, 문화공보부, 39~48, 1969.
- 박만규.「전라 남도 식물상의 개관」,『식물 분류학회지 1(2)』. 9~12, 1969.
- 이우철.「한국 특산 식물에 대하여」,『식물 분류학회지 1(2)』. 15~21, 1969.
- 정태현.『한국 동식물 도감 Vol. 5 목초본류(보유편)』. 서울, 문교부, 1970.
- 오상철.「제주도 식물 조사 보고」,『제주 교대 논문집 2』. 77~126, 1971.
- 이덕봉.『한국 동식물 도감 Vol. 15 유용 식물』. 서울, 문교부, 1973.
- 정현배.「강원도산 유용 식물 조사 연구」,『식물 분류학회지 5』. 13~22, 1973.
- 박만규.「한국 식물 중 절멸 또는 그 위기에 있는 것과 희귀 종에 관한 조사 연구」,『자연 보존 8』. 한국 자연 보존 협회, 3~24, 1975.
- 이창복.「밝혀지는 식물 자원(Ⅴ)」,『식물 분류학회지 6』. 17~19, 1975.
- 이창복.『식물 분류학』. 서울, 향문사, 1976. 1987.
- 이영노.『한국 동식물 도감 Vol. 18 계절 식물』. 서울, 문교부, 1976.

- 오현도·김문홍. 「제주도 식물에 관한 연구(Ⅰ)」, 『제주대 논문집 9』. 24~40, 1977.
- 고경식. 「특기할 북한 식물의 속」, 『식물 분류학회지 8』. 55~58, 1978.
- 이우철·임양재. 「한반도 관속 식물의 분포에 관한 연구」, 『식물 분류학회지 8(부록)』. 1~33, 1978.
- 이창복. 『대한 식물 도감』. 서울, 향문사, 1979. 1989.
- 정태현. 『식물 분류학』. 서울, 교육사, 1980.
- 정영호. 「서울 대학교 석엽 표본관 소장 식물 석엽 표본 목록(Ⅱ)」, 『한국 식물학회지 22』. 1~193, 1980.
- 이종석·김일중·곽병화. 「한국 자생란의 생태에 관한 연구(Ⅰ)」, 『원예학회지 22(1)』. 44~50, 1981.
- 이종석·곽병화. 「한국 자생란의 생태에 관한 연구(Ⅱ)」, 『원예학회지 22(4)』. 289~297, 1981.
- 이종석. 「제주도 자생 *Cymbidium*에 관하여」, 『제대 학보 22』. 61~71, 1981.
- 제주도. 『제주도지(상권)』, 제주, 597~598, 1982.
- 이우철. 「정태현 박사의 신종 및 미기록 종 식물에 대한 고찰」, 『식물 분류학지 12(2)』. 79~91, 1982.
- 이영노. 「한라산의 희귀 및 특산 식물」, 『한국 식물학회』. 34~41, 1983.
- 이종석. 「한국 야생란의 종류와 지리적 분포에 관한 연구」, 『제주대 논문집 19』. 31~54, 1984.
- 이창복. 『수우 이창복 교수의 발자취』. 정민사, 311~314, 1984.
- 이창복. 『한라산 천연 보호 구역 학술 조사 보고서(한라산의 특산 및 희귀 식물)』. 제주, 215~242, 1985.
- 김문홍. 『제주 식물 도감』. 제주, 1985. 1992.
- 이종석·곽병화. 「한국 자생란의 생태에 관한 연구(Ⅲ)」, 『원예학회지 26(2)』. 140~144, 1985.
- 정영호. 『한국 식물 분류학사 개설』. 서울, 아카데미 서적, 1986.
- 이영노. 『관속 식물 분류학』. 서울, 새글사, 1987.
- 전길신. 『산야초 여행(한국의 야생란)』. 서울, 석오 출판사, 385~473, 1988.
- 오용자·이창숙. 「한국 미기록 종 식물 꼬마은난초」, 『성신 여대 논문집 5』. 7~9, 1988.
- 정영호. 「식물학 논선 제 4집」, 『서울대 식물 석엽 표본 목록』. 서울, 예초서

사, 599~601, 1990.
- 이영노. 『백두산의 꽃』. 서울, 한길사, 1991.
- 고경식. 『관속 식물 분류학』. 서울, 세문사, 1991.
- 임양재·백광수·이남주. 『한라산의 식생』, 중앙 대학교 출판부, 1991.
- 임영득·김수남. 「무엽란의 분포와 생태에 관한 연구」, 『인천 교대 논문집 26』. 449~455, 1992.
- 임형탁. 「제주도 소산 식물에 관한 식물 지리학적 연구」, 『식물 분류학회지 22(3)』. 219~234, 1992.
- 제주도. 『제주도지(제 1권)』. 제주, 201~260, 1993.
- 김수남·임영득. 「보춘화의 분포를 제한하는 환경 요인」, 『인천 교대 논문집 27』. 227~249, 1993.
- 환경처. 『특정 야생 동·식물 화보집』. 과천, 웅고 문화사, 104~123, 1994.
- 임영득·김수남. 「제주 한라산에서의 수직 고도에 따른 난초과 식물의 분포와 생태」, 『인천 교대 논문집 28(1)』. 271~290, 1994.
- 임영득·김수남. 「백운란속(*Vexillabium* F. Maekawa)의 분포와 생태에 관한 연구」, 『인천 교대 논문집 29(1)』. 271~275, 1995.
- T. Nakai. 『*Flora Koreana* Ⅱ』. Jour. Coll. Sci. Univ., Tokyo, 31 : 217~230, 1911.
- 中井猛之進. 『濟州道竝莞島植物調査報告書』. 朝鮮總督府, 1~56, 1914.
- 中井猛之進. 『智異山植物調査報告書』. 27~28, 1915.
- 森 爲三. 『朝鮮植物名』. 京城, 朝鮮總督府, 1921.
- 竹 中要. 「冠帽連峰高山植物採集記」, 『朝鮮博物學會誌 第16號』, 1933.
- 牧野富太郞. 『日本植物圖鑑』. 東京, 北隆館, 679~706, 1940.
- 中井猛之進. 『中井敎授著作論文目錄』. 中井博士功績紀念事業會 編. 東京, 北隆館, 66, 82, 101, 102, 115, 128~129, 137, 140, 1943.
- 村越三千男, 『內外植物原色大圖鑑』. 東京, 誠文堂新光社, 1944.
- 中井猛之進. 『朝鮮植物誌梗槪』. 國立科博硏報. 東京, 149~152, 1952.
- S. Nevski. 『*Flora of the U. S. S. R. Vol. 5.*』. 448~554.
- 牧野富太郞. 『牧野新日本植物圖鑑』. 東京, 北隆館, 877~905, 1961.
- 大井次三郞. 『標準原色圖鑑全集 植物 Ⅱ』. 大阪, 保育社, 33~52, 1964.
- 牧野富太郞, 『牧野新日本圖鑑』. 東京, 北隆館, 877~905, 1969.
- Nathaniel Lord Britton·Hon. Addison Brown. 『*An Illustrated Flora of the Northern United States And Canada Vol. 1*』. New York, Dover Publications Inc., 547~577, 1970.

- 野田光藏. 『中國東北(滿洲)の植物誌』. 東京, 風間書房, 1971.
- 前川文夫. 『日本の野生ラン』. 東京, 誠文堂新光社, 1971.
- 中國科植硏主 編. 『中國高等植物圖鑑 第2冊』. 臺北, 科學出版社, 1972.
- Tang-Shui Liu・Horng-Jye Su. 『Flora of Taiwan Ⅵ』. Taipei, Eooch Publishing Co., 859~905, 1978.
- 里見新生. 『日本の野生植物 草本(Ⅰ)單子葉類』. 東京, 平凡社, 187~235, 1982. 1991.
- 林 彌榮. 『日本の野草』. 山と溪谷社, 東京, 559~587, 1983.
- 北村四郎・村田 源・小山鐵夫. 『原色日本植物圖鑑 草本 編(Ⅲ) 單子葉類』. 大阪, 保育社, 1~69, 1984.
- Jisaburo Ohwi. 『Flora of Japan』. Smithsonian Institution, Washington D. C., 319~359, 1984.
- 高橋勝雄. 『日本野生ラン花譜』. 東京, 每日新聞社, 1987.
- 김현삼・리수진・박형선・김매근. 『식물 원색 도감』. 평양, 과학 백과 사전 종합 출판사, 812~829, 1988.
- 中國本草圖錄編纂委員會. 『中國本草圖錄 Ⅰ~Ⅹ』. 香港, 人民衛生出版社・商務印書館, 1990.
- 橋本 保・神田 湻・村川博實. 『野生ラン』. 東京, 家の光協會, 1991.
- 小田倉正圀. 『野生ランの育て方小百科』. 東京, 日本文藝社, 1995.

저자 소개

김수남 (金秀南)

1959. 경기도 남양주 출생
1980. 인천교육대학교 졸업
2002. 서울여자대학교 자연과학대학원 원예학과 졸업
1980~2005. 경기도 망미·별내·화접·고창·장현초등학교 근무
1991~97. 제37·40·43회 전국 과학전람회 특상(교육부장관상) 수상
1999. 제45회 전국 과학전람회 대통령상 수상
2003. 모범 공무원 국무총리 표창
2005. 문화유산 공로 문화재청장 표창
현재 경기도 구리시 동인초등학교 교사
   환경부 희귀 식물 조사 전문 연구원

□ 논문
「한국산 난초과 식물의 분포 및 생태학적 고찰」(1991)
「무엽란의 분포와 생태에 관한 연구」(1992)
「보춘화의 분포를 제한하는 환경 요인」(1993)
「백운란속(屬)의 분포와 생태에 관한 연구」(1995)
「한라산과 백두산의 난초과 식물」(1997)
「한국산 수생 식물의 분류 및 생태학적 특성에 관한 연구」(1999)
「한국산 수생 식물의 생육 환경과 생태적 특성」(2003)

□ 저서
「한국의 자생란」(1996, 대원사)

저자 소개

이경서 (李景瑞)

1941. 제주 출생
1976~2002. 제주실업전문대학 사진학 강사
1977. 동국대학교 행정대학원 수료
1983~85. 대한민국 사진 전람회 입선
1985. 제주카메라클럽 회장
1987. 한국사진작가협회 제주지부장
1988. 제주산악회장
1989. 제주도 미술 대전 초대 작가
1998~2004. 제주대학교 미술학과 강사
1998. 제주생태사진연구회 회장
2001~2007. 제주도 문화예술진흥위원
2003~2006. 제주문화예술재단 이사

□ 저서
「한국의 야생란-제주편」(1995, 난과생활사)
「한라산의 꽃」〈공저〉(1996, 산악문화)
「설악산의 꽃」〈공저〉(1997, 교학사)
「제주자생식물도감」〈공저〉(2001, 여미지)
「아름다운 우리 자생란」(2003, 신구문화사)

원색 도감 · 한국의 자연 시리즈 7
한국의 난초

초판 발행 / 1997. 2. 20.
5판 발행 / 2009. 4. 15.

지은이 / 김수남 · 이경서
펴낸이 / 양철우
펴낸곳 / (주)교학사

기획 / 유홍희
편집 / 황정순
장정 / 송병석
제작 / 이재환
원색 분해 · 인쇄 / 본사 공무부

등록 / 1962. 6. 26.(18-7)
주소 / 서울 마포구 공덕동 105-67
전화 / 편집부 · 312-6685 영업부 · 7075-155
팩스 / 편집부 · 365-1310 영업부 · 7075-160
대체 / 012245-31-0501320
홈 페이지 / http://www.kyohak.co.kr

값 35,000 원

* 이 책에 실린 도판, 사진, 내용의 복사, 전재를 금함.

The Orchids of Korea in Color

by Kim, Soo Nam · Lee, Kyung Seo

Published by Kyo-Hak Publishing Co., Ltd., 1997
105-67, Gongdeok-dong, Mapo-gu, Seoul, Korea
Printed in Korea

ISBN 978-89-09-03386-2 96480